气象与电网运行大数据分析

国网宁夏电力有限公司电力科学研究院　组编

中国电力出版社
CHINA ELECTRIC POWER PRESS

内 容 提 要

本书主要介绍如何通过大数据分析来挖掘气象与电网运行的内在联系，洞悉隐藏在数据背后的意义。全书总共分为6章，主要内容包括电力气象及气象灾害的简单介绍、气象因素对电力生产及设备的影响类型、气象监测预警系统的构建过程及功能、大数据分析在气象与电网运行中的应用，涉及电网负荷、污闪、倒塔、舞动等气象引发的电网事故，回归分析、BP神经网络、因子分析等大数据分析方法。

本书内容详细，示例丰富，侧重于理论与实践相结合，适合从事电力设计、电网运行等人员阅读，也可为系统运维人员及相关业务部门人员提供参考。

图书在版编目（CIP）数据

气象与电网运行大数据分析 / 国网宁夏电力有限公司电力科学研究院组编. —北京：中国电力出版社，2020.12

ISBN 978-7-5198-5052-4

Ⅰ.①气… Ⅱ.①国… Ⅲ.①气象—影响—电网—电力系统运行 Ⅳ.①TM727

中国版本图书馆CIP数据核字（2020）第193550号

出版发行：中国电力出版社
地　　址：北京市东城区北京站西街19号（邮政编码100005）
网　　址：http://www.cepp.sgcc.com.cn
责任编辑：陈　丽（010-63412348）
责任校对：黄　蓓　马　宁
装帧设计：张俊霞
责任印制：石　雷

印　　刷：北京博图彩色印刷有限公司
版　　次：2020年12月第一版
印　　次：2020年12月北京第一次印刷
开　　本：710毫米×1000毫米　16开本
印　　张：8.5
字　　数：110千字
印　　数：0001—1000册
定　　价：45.00元

编委会

前　言 PREFACE

随着电网规模的扩大以及全球气候变暖、环流异常，灾害性天气的发生概率正逐年上升，电力安全运行与气象因素的关系变得更加密切，气象已成为引发电网系统事故因素中仅次于设备故障的第二大因素。因此，将气象因素纳入电网安全运行的研究范畴迫在眉睫。本书全面介绍了气象对电网设计、电力施工、电网运行、电网安全生产等方面的影响，列举了气象因素对输电线路舞动、输电线路倒塔、电力设备污闪、电网负荷的实际影响案例，剖析了气象影响电网安全运行的根因，挖掘出气象因素与电网安全稳定运行的关联关系。此外，基于多维度气象数据，初步开发了气象数据监测预警系统，为开展电网突发事件的监测分析、安全应急处置信息化建设提供技术支撑。

全书共分为6章，在介绍电力气象基本理论及其应用现状的基础上，阐述了风力异常、气温异常、雷击、覆冰等灾害性气象因素对电网设计、电力施工、设备运行的影响，并结合实际电力事故案例，总结了气象对电网安全稳定运行的根因。接着介绍了气象数据监测预警系统的搭建等工作，详述了气象与电网运行支撑体系的构建过程、气象数据监测预警系统的实践与应用，最后，结合气象数据与电网运行数据，讲述了大数据分析算法与模型构建。

本书依据国网宁夏电力有限公司相关业务部门人员、系统开发技术人员等的研究成果编写完成，多位同事对这些科研成果付出了辛勤的工作，在此对他们表示感谢。

本书介绍的方法、技术和标准适用于电力设计、电网运行等专业人员，并可为相关业务部门人员、系统运维人员等提供参考。

作　者

2020年8月

目 录 | CONTENTS

1 电力气象

气象是大气中冷热、干湿、风、云、雨、雪、霜、雾、雷电等各种物理现象和物理过程的总称。气象因素表明一定特点和特定时刻天气状况的大气变量或现象，气象台所观测记载的主要气象因素有气温、气压、风、云、降水、能见度和空气湿度等。在这些主要的气象因素中，有的表示大气的性质，如气压、气温和湿度；有的表示空气的运动状况，如风向、风速；有的本身就是大气中发生的一些现象，如云、雾、雨、雪、雷电等。

1.1 电力气象概述

20 世纪出现的大规模电力系统是人类工程科学史上最重要的成就之一，是由发电、输电、变电、配电和用电等环节组成的电力生产与消费系统。它将自然界的一次能源通过机械装置转化成电力，再经输电、变电和配电将电力供应到用户。

气象学是把大气当作研究的客体，从定性和定量两方面来说明大气特征的学科，集中研究大气的天气情况、变化规律和对天气的预报。

全球气候变化，风电、光伏发电等可再生能源快速发展，电网规模不断扩大，使电力系统受气象因素影响越来越突出，新能源消纳问题及多发的电网气象灾害受到电力企业越来越多的关注。电网具有地域分布广阔、直接暴露在自然条件下的特点，加之电力设备对温湿度、冰雪、雷电等气象条件又具有敏感性，因此气象因素直接影响到电网设备的安全稳定运行。据统计，雷击、覆冰、风偏、舞动、暴雨等气象原因导致的故障占电网总故障数的 60% 以上。另外，风速、辐照度等气象资源具有强烈的随机波动特性，其变化趋势难以准确把握，导致新能源输出功率不确定度较大。大规模接入电网后，为保证发用电平衡，常规电源备用容量显著增大，新能源消纳空间严重压缩。因此，气象资源的随机波动成为制约新能源消纳的关键因素。

1.2 电力气象应用现状

2015 年 12 月 8 日，由中国电力科学研究院研发的我国首个服务于电力生产运行的专业气象网站——“电力气象网”正式上线运行，标志着我国电力气象专业服务翻开了新篇章。

随着全球气候变化，我国极端天气出现次数明显增多，电网架空线路长期暴露于大气环境之中，由恶劣天气引发的电网事故时有发生，如雷电、台风、暴雨、覆冰、山火等气象灾害，对电网稳定运行造成了十分严重的影响。因此，分析气象因素对电网稳定运行影响模式，建立相关模型评估气象因素对电网稳定运行的影响，给出相应的预警机制，尽量减少气象要素对电网造成的影响。气象灾害预警的主要任务就是通过卫星、雷达、气象站网的实时监测及天气预报结果，在气象灾害到来之前，为发电厂、电网提供及时的预警信息。及时的气象灾害预警可以有效地避免或减少气象灾害造成的风险或损失。

2 气象灾害对电网的影响

随着全球气候变化，我国极端天气出现次数明显增多，气象因素引发的电网事故时有发生，对电网稳定运行造成了十分严重的影响。

2.1 灾害性天气对电网的危害

灾害性天气包括台风、暴雨（雪）、寒潮、大风（沙尘暴）、低温、高温、干旱、雷电、冰雹、霜冻和大雾等可能造成灾害的天气现象。气象学中，根据形成的气象因素的不同，又将灾害性天气分为五大类：①水分异常，包括暴雨（雪）、干旱、冰雹和大雾；②温度异常，包括低温、高温、霜冻；③风力异常，即大风（沙尘暴）；④雷电异常；⑤多要素异常，如台风。如果这些气象上的灾害性天气对电力设备的影响低于其设计水平和承受能力，一般不会导致设备损坏，但若其强度超过设备承受的限值，往往就可能导致设备故障，发生事故。

（1）水分异常。暴雨引发的洪灾可能冲垮线路杆塔，冲毁、淹没变电设备，其对电网运行安全影响最大的是对水电厂的危害。水电站水库在防洪中发挥了重要的拦洪、错峰、削峰作用，减轻和避免了洪灾损失，实现了巨大的社会效益。在应对洪水中，电力系统虽没有发生过严重的垮坝事故，但也有不少经验和教训：有些水电站水库防洪标准较低，遭遇特大洪水时，洪水漫过坝顶，严重威胁大坝安全；有的水电站泄洪时，下游水流汹涌飞溅，挟带着泥沙、石块涌进厂房，淹没机组设备，电站被迫停运，造成重大经济损失；另外，在电站泄洪时，下游水雾弥漫，可能导致下游开关站发生闪络，从而导致设备短路跳闸。旱灾也会对水电站和大坝产生十分不利的影响。有些地区连年干旱，为满足灌溉和供水要求，水库水位降至死水位以下，导致电网运行缺少快速事故备用。同时由于水位过低，大坝长期处在高温低水位或低温低水位的不利工况下，混凝土坝坝体往往会产生裂缝，使坝体结构遭受损伤，给大坝留下安全隐患。此外，旱灾还会造成灌溉负荷增大，在系统处于尖峰运行时可能造成系统备用不足，影响电网运行安全。大雾对电网运行的主要影响是容易引发污闪、雾闪。污闪线路跳闸主要发生在雾、露、雪和毛毛雨等天气多发的季节，发生地区主要集中在工矿企业附近等大气污染较为严重的地区。其发生原因是空气中的各种污秽物落到输电线路的绝缘子串上，日积月累形成污秽集合物，当大雾等天气出现时，因雾气中小水滴的不断浸湿，污秽物中的可溶性电解质被溶解，导致泄漏电流明显增大。而且，由于绝缘子串上的污秽物分布不均会引起电压的分布不均，形成局部绝缘击穿，以致在工作电压下也可能发生绝缘子闪络，引起设备跳闸。由于雾闪（污闪）事故影响的范围很大，且对作为核心网架的500kV系统影响更为严重，其对全网稳定和可靠供电危害较大。

（2）温度异常。电网负荷与气象条件的变化有关，其中，气温是最重要的影响因素。随着国民经济与人民生活水平的日益提高，制冷制热类电器的拥有率、使用率越来越高，温度的异常往往导致电网负荷激增，造成电力系统的运行备用容量不足，而合理的备用容量（包括有功备用、无功备用以及输送备用）是电力系统安全稳定运行的保证。另外，高温也会导致输电线路允许的输送限额减小，造成输电系统的输送容量减小，产生“卡脖子”现象。事实上，几乎所有大面积停电事故的起因都是重要断面超输送限额发生连锁反应，导致电网崩溃引发大停电。低温、霜冻天气在伴随雨、雪、雾的情况下，容易造成输电设备覆冰。由于冰中含有可导电的污质，绝缘子串覆冰可能诱发一种特殊形式的污秽闪络——“冰闪”。输电线覆冰还容易诱发线路舞动，其实质上是一种低频大振幅振动，由横向振动、导线绕两端固定点的摆动、导线绕自身轴线（分裂导线则为分裂圆的中心线）的扭转振动，其对线路安全运行所造成的危害十分严重，会导致有线路频繁跳闸，导线的磨损、断股、断线，金具及杆塔的损坏等。

（3）风力异常。风力异常会造成线路舞动，可能造成线路发生风偏放电跳闸。风偏放电的外因是强风，内因是线路抗强风能力不足。风偏放电往往造成相间故障，重合闸一般不动作，故严重影响和威胁系统安全运行，其原因有：①由于考虑经济性部分采用的设计经验值小于实际值，设备遇超过设计值的强风时抗风能力不足；②强风常伴有暴雨，可导致空气间隙的放电电压降低。

（4）雷电异常。雷击电力设备导致电网事故比例居各类故障之首，方式分为直击、反击、绕击。在我国跳闸率较高的地区，由雷击引起的跳闸次数占40%~70%，在多雷、土壤电阻率高、地形复杂的山区，雷击输电线路引起的事故率更高。同时雷击还有可能造成OPGW发生断股，影响输电线路的电力通信和保护信息交换的可靠性，给电网带来不小的危害。其主要原因为：①部分线路保护角取值偏大，造成屏蔽失效区间增大，发生雷电绕击跳闸的可能性加大；②部分电力设备设计雷电日小于实际值，其绝缘配置及耐雷水平不适应设备所处区域和气候环境；③接地电阻偏高，这是雷电反击的最主要原因；④未及时检出绝缘子串中的零值或低值绝缘子，造成绝缘水平不足，降低设备耐雷水平。

（5）多要素异常。由于台风成因复杂，气象学将台风归为多要素异常灾害天气，台风是在热带海洋上形成的强大的热带气旋，给沿海各电网的安全运行造成的危害有时是破坏性的。强台风往往会导致线路倒塔、线路故障跳闸、设备损坏、直流系统接地等。

2.2 气象对电网设计的影响

电网的建设和运行受外界环境的影响较大，受气象条件的影响尤为显著。气象条件是电网规划设计的主要依据，它的真实性和客观性直接影响着工程建设的经济性与电网运行的安全性。在电网规划设计阶段，勘测设计人员必须认真进行规划线路沿线的气象、水文、植被、地形等资料收集，对路径区域内的微地形、微气候进行实地调查，确认是否存在重冰区及重冰区出现的范围。当山区存在重冰区时，设计冰厚对电网线路的技术经济指标有显著影响。因此，规划设计部门要求，对于存在重冰区的线路，应在电网规划设计阶段开展设计冰厚与冰区分布的专项调查，并在勘测成果中着重体现对各方案有重大影响的气象条件，分析比较并提出建议。在条件允许的情况下，应尽量避开存在重冰区可能的微气候区域，优化规划方案，对重要的电网规划方案采取差异化设计。

不同的线路路径方案，由于地理位置及外界气象条件等因素不同，所遭遇的自然灾害也不尽相同，自身能够抵抗灾害的能力也有所差异。同时，不同线路在电网工程中所处的地位也不相同，在面临自然灾害时所需要拥有的抗灾能力也不同。因此，基于差异化设计原则中的重要线路、部分路径或全部路径，在其线路走廊规划设计过程中，如没有准确、翔实的气象勘测资料，规划设计人员无法准确判断气象因素对重要电网设施的影响程度，以及电网规划方案的优劣，以致影响规划方案的比选、优化等工作。因此，电网工程气象勘测资料是电网规划评估与方案优化的最基础性的资料之一。

2.2.1 气象条件对架空输电线路的要求

（1）在大风、覆冰和最低气温下，架空线需能正常运行。

（2）在长期的运行中，架空线应具有足够的耐振性能。

（3）在正常运行情况下，任何季节（最大风速、最厚覆冰、最高气温）架空线对地、杆塔或其他物体均有足够的安全距离。

（4）在稀有气象验算条件下，不发生杆塔倾覆和断线。

2.2.2 各种气象条件的组合

气象条件是指各种天气现象的水热条件。主要气象条件包括：平均气压、年平均气温、极端最高气温、极端最低气温、平均相对湿度、年平均降水量、年平均蒸发量、平均风速、最多风向沙尘暴日、最大冻土深度、最大积雪深度等。

2.2.2.1 线路正常运行情况下的气象条件组合

线路在正常运行中使导线及杆塔受力最严重的气象条件有大风、覆冰及最低气温这三种情况。所以这三种最严重的气象条件不应组合在一起，因为最大风速一般多出现在夏秋季节，而最低气温则在冬季无风时出现，又因在最大风速或最低气温时，大气中均无“过冷却”水滴存在，因而架空线不可能覆冰。所以，线路在正常运行情况下的气象条件组合为：

（1）最大风速、无冰、气温为该地区大风季节最冷月的平均气温。

（2）最低气温、无冰、无风。

（3）覆冰，一般取相应风速为10m/s，若该地区最大风速大（如35m/s以上），可取相应风速为15m/s，覆冰时气温取–5℃。

由于最大风速或覆冰时导线机械荷载大，最低气温时虽然没有外荷载，但因温度低使得导线收缩，导致导线应力增大。所以在这三组气象条件情况下，导线应力可能成为最大值。设计时，要求在这三组气象情况下，导线应力不得超过允许应力，即最大使用应力。

（4）年平均气温、无风、无冰。这种组合是从导线防振的要求提出来的。

2.2.2.2 线路耐振计算常用的气象组合

线路设计中，应保证架空线具有足够的耐振能力。架空线的应力越大，振动越严重，因此应将架空线的使用应力控制在一定的限度内。由于线路微风振动一年四季中经常发生，故控制其年平均运行应力的气象组合为：无风、无冰、年平均气温。

2.2.2.3 雷电过电压气象组合（外过电压）

雷电过电压是指雷电作用在导线上产生的过电压，也称外过电压。雷电过电压气象组合如下：

（1）外过有风：温度 15℃，相应风速（最大设计风速小于 35m/s 的，取 10m/s；不小于 35m/s 的，取 10m/s），无冰。

该气象组合主要用于校验悬垂串风偏后的电气间距。

（2）外过无风：温度 15℃，无风，无冰。

该气象组合主要用于验算架空地线对档距中央导线的保护。为了保证雷电活动期间线路不发生闪络，要求塔头尺寸能保证导线风偏后对杆塔构件的电气距离，档距中央应保证导线与架空地线的间距大于规定值。

2.2.2.4 操作过电压气象组合（内过电压）

操作过电压是由于大型设备和系统的接切在导线上产生的过电压，也称内过电压。内过电压气象组合为：年均气温、无冰、0.5 倍的最大设计风速（不低于 15m/s）。该气象组合主要用于校验悬垂串风偏后的电气间距。

2.2.2.5 线路断线事故情况下的气象组合

断线事故一般系外力所致，与气象条件无明显的规律联系。计算断线情况的目的为：校验杆塔、绝缘子和金具强度，校验转动横担、释放型线夹是否动作，校验邻档断线时跨越档的电气距离等。

（1）无冰区：无风、无冰、气温 -5℃；有冰区：无风、有冰、气温 -5℃。

（2）校验邻档断线：无风、无冰、气温 +15℃。

2.2.2.6 线路安装和检修情况下的气象组合

（1）安装气象：风速 10m/s、无冰、相应气温。这一气象组合基本上概括了全年安装、检修时的气象情况。对于冰、风中的事故抢修，安装中途出现大风等其他特殊情况，要靠采取临时措施解决。对于 6 级以上大风等严重气象条件，则应暂停高空作业。

（2）带电作业：风速 10m/s、无冰、气温 +15℃。用于带电作业的间隙校验。

2.3 气候对电力施工的影响

气候是指某一地区在某一时期内气象因素和天气过程的一般状态，是各种天气过程的综合体现，能够反映某一地区冷、暖、干、湿等基本特征。其中对建设工程施工进度影响较大的气候因素主要包括气温、降雨、风等不利的气候条件（如暴雨、大风、高温等），对施工进度的不利影响可以分为直接影响和间接影响。

2.3.1 直接影响

（1）停工。雨季时连续多日的降水或暴雨雷电天气，夏季时的连续高温，冬季恶劣的寒冷天气，特别是灾难性天气（飓风、沙尘暴、大雾、冰雹等），都会在一定程度上直接影响在建工程，造成停工，延误工期。

（2）加大工程难度或增加工程量，从而会延长施工准备时间，无法保证工期。

2.3.2 间接影响

（1）加大工程隐患，影响施工质量，造成返工。恶劣的气候条件往往会影响施工质量，当施工质量不符合标准时，多数情况会造成返工，不利于施工进度。

（2）缩短建筑工人有效工作时间。气候是影响工人工作效率的因素之一，尤其是在连续高温或连续降雨的季节，工人每日有效工作时间往往达不到 8h，间接导致施工进度放缓。

2.3.3 气候影响

气候的不可控制性会对建设体系构建产生很大的影响，从而导致实际施工进度与计划施工进度存在偏差。气温、降雨和风对土石方工程、桩与地基基础工程、砌体工程、钢筋混凝土工程、结构安装工程、屋面及防水工程、装饰工程等工种的施工进度都会产生一定的影响，且影响程度有所不同。

2.3.3.1 气温因素

气温过高、过低以及日温差过大都将严重影响施工的整个过程。一方面，从气温对施工技术上的影响来看，由于夏季高温和冬季低温均不属于正常的施工条件，因此会加大施工的技术难度，需采用相应的夏季施工方案和冬季施工方案，这对施工进度的影响属于直接影响；另一方面，从对人员和机械的影响上来看，气温过低将会影响施工人员的工作效率以及设备的运转速率，夏季的高温天气则限制了工作人员有效的工作时间，在一定程度上会造成工期的延误，这对施工进度的影响属于间接影响。冬季低温天气对土石方工程、钢筋混凝土工程的施工影响较大，夏季高温天气对砌体工程、钢筋混凝土工程的施工影响较大。

（1）冬季低温对土石方工程的影响。冬季寒冷的天气会改变土壤的物理环境，土壤中的水分一旦结冰就会形成冻土，加大土方开挖与回填的难度，特别是对有深基坑、地下室工程的建设体系构建，在体系构建筹建时，应避免将这部分工作安排至天气寒冷时期，以免影响工程进度。

（2）高、低温天气对混凝土工程的影响。温度对混凝土强度的影响表现在水化反应的速率、混凝土内结构的特性以及蒸发和干燥速率三个方面。高温天气不利于混凝土的搅拌、固化及养护过程，若质量控制措施制订的不合理，很容易因温差应力或养护不到位而出现混凝土裂缝质量问题，造成返工，影响施工进度；在混凝土养护过程中，如果温度较低，则会延长混凝土龄期，延缓施工进度。

2.3.3.2 降雨因素

降雨对施工进度的影响是最直接的，会导致工程停工、加大施工工程量和施工难度，从而延缓工期。在雨水较多的夏季，施工单位应做好防雨、防雷的准备，编制相应的施工组织方案，以免雷雨天气不期而至时束手无策而影响施工进度。

降雨对在室外作业（例如土石方工程、桩与地基基础工程、砌筑工程、外装修工程等）的影响比较大。以降雨对土石方工程的影响为例，连续多日的降水天气或强暴雨天气会造成地面大量聚集雨水、增大土体的含水量，加大施工难度，是工程存在工期延误的隐患。

（1）在土方工程的准备阶段，为了保证土方施工顺利进行，首先要进行场地清理和排除地面水，为此带来更大的工作量。

（2）在土石方工程的填筑阶段，如果土体含水量过大会导致土体不易被压实，在填筑之前必须将土体进行翻松、晾晒。

（3）降雨还会加剧边坡的失稳，加大工程隐患。

（4）雨季会加大施工降水难度，若在雨季没有做好降水工作，不仅会造成工程延期，而且会影响施工质量。

2.3.3.3 风的因素

高风速对砌筑工程、脚手架工程、结构安装工程等产生的影响较大。当风力大于3级时将影响主体结构焊接；当风力大于4级时，将影响限制或妨碍高架起重机和塔吊作业、砌筑工程施工；当风力达到5级以上时应立即停止作业，并实施加固。因此，风对工程进度的影响很大，特别是在高层、超高层建筑施工编制施工进度计划时，必须要考虑风对高空作业的影响并及时做好防护措施。

2.4 气象对输变电设备的影响

随着经济社会发展，电网规模不断扩大，输电线路的覆盖面不断扩大，雪凝、雷电等灾害性天气对输变电生产的侵扰也随之增大。

2.4.1 气象对输电线路舞动的影响

输电线路舞动的发生通常取决于三方面要素：导线不均匀覆盖、风力和线路结构参数。舞动产生的危害是多方面的，轻者会发生闪络、跳闸，重者发生金具及绝缘子损坏，导线断股、断线，杆塔螺栓松动、脱落，甚至倒塔，导致重大电网事故。

2.4.1.1 输电线路舞动的定义

当输电线路的导线上覆有不均匀的薄冰，在侧向风力的作用下，就会使架空的导线产生自激振动，并在大幅度的振动中表现出低阶固有频率的特点，在不同条件下表现出垂直、偏离、扭转等现象，被称作输电线路的导线舞动。为防止导线舞动，可为导线加固（见图2-1）。

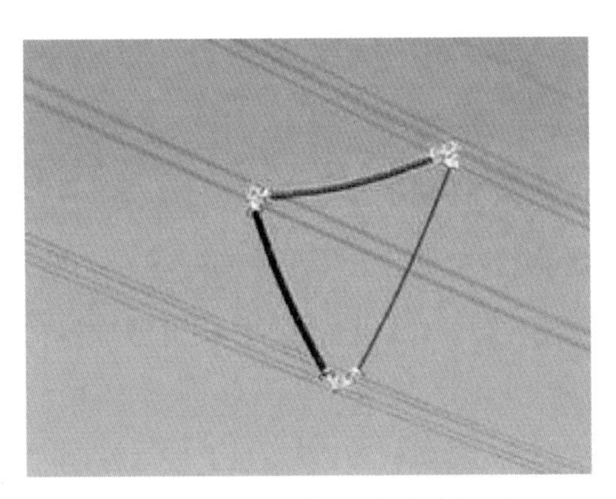

图 2-1 为导线加固以防止舞动

2.4.1.2 输电线路舞动的特点

当输电线路的环境温度条件在 0℃左右时，最容易产生覆冰现象，覆冰时如遇 10～20m/s 的强风天气，就会导致舞动的发生，因此导线舞动经常发生在冬季。导线舞动的频率会维持在 0.1～3Hz，表现出低频率的特征，而其舞动的振幅可以达 10Hz 以上。输电线路一旦发生舞动问题，极易引起断路与断线问题，甚至可能引起倒塔事故，导致大范围地区的供电中断，不仅对供电企业的工作安全性与连续性造成影响，也对社会生产生活造成极为严重的损失。

2.4.1.3 输电线路舞动的影响条件

（1）气温因素。导线的舞动是在一定条件下形成的，且明显受到环境因素的控制。首先，当秋末初冬、冬末初春时，一般以雨雪天气为主，且温度在 0℃左右不断徘徊，也是因此，在每年的 2～4 月、11 月和 12 月这几个月份中，最容易产生输电线路的舞动。

（2）线路覆冰。当线路表面的覆冰厚度达到 5～30mm 时，最容易产生舞动问题。而覆冰形成的条件，除了 0℃左右的温度、90% 左右的空气湿度以外，对风力还有一定的要求。如果风速大于 1m/s，会加快覆冰的形成速率。

（3）风力因素。形成输电线路舞动的条件中，风是最为关键的环境条件，不仅风力大小会对输电线路产生影响，同时风向与线路表面覆冰的角度也与线路的舞动有较为紧密的联系。在产生舞动时，会有稳定的层流风激励，当风向与输电线夹角不小于 45° 时，最容易产生舞动；在趋近于 90° 时，舞动概率达到最高值；如果夹角趋近于 0°，则发生舞动的概率也会逐渐降低。研究显示，7 ~ 10m/s 的横向风，且风攻角为 60° ~ 80° 时，最容易发生舞动。另外，输电线上覆冰的角度也会影响风的作用能力，从而对舞动的效果造成影响。

2.4.1.4　实例分析

2010 年 1 月 19 ~ 20 日，河北 × × 线发生相间故障跳闸，现场覆冰痕迹和设备损伤情况如图 2–2 和图 2–3 所示。

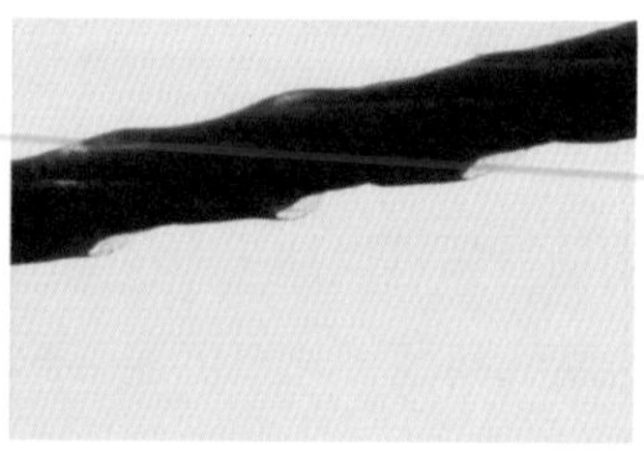

图 2-2　现场覆冰痕迹

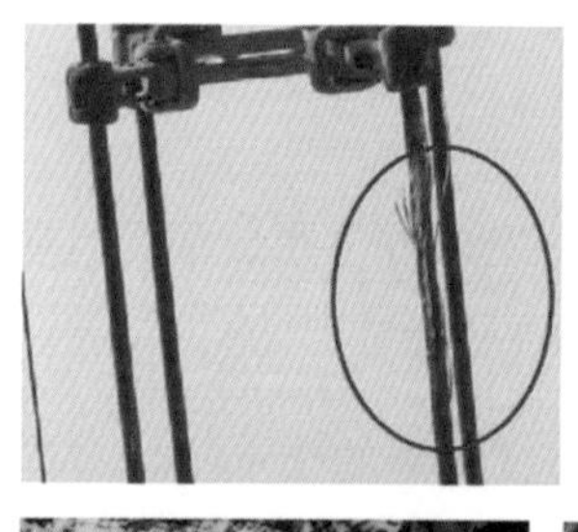
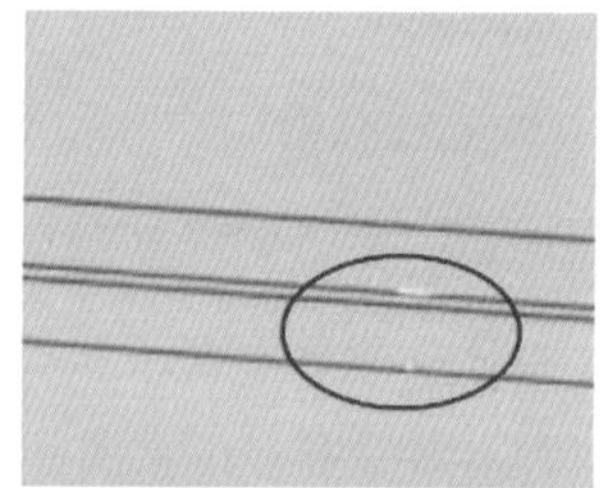

图 2-3　设备损伤情况

事故初步分析依据如表 2-1 所示。

表 2-1　事故初步分析依据

破坏类型	发生条件	事故发生情况
脱冰跳跃	导线发生覆冰	观察到覆冰迹象
	脱冰条件：气温升高、自然风力作用、人为振动敲击、机械除冰等	风力 7～8 级、气温 -6～1℃
	危害：机械或电气事故	闪络跳闸、螺栓松脱、引流线脱落、绝缘子球头弯曲、间隔棒损坏、导线断股、均压环损坏
覆冰舞动	导线不均匀覆冰，气温 -6～0℃、覆冰厚度 3～25mm	冻雨、观察到覆冰迹象、冰厚 2～3mm、气温 -6～1℃
	风激励：风速 4～25m/s、风向与线路走向的夹角不小于 45℃	风力 7～8 级、东北风、风向基本垂直于线路
	线路参数条件	线路微地形为平原开阔地、电压等级 500kV、四分裂导线形式
	危害：机械或电气事故	闪络跳闸、螺栓松脱、引流导线脱落、绝缘子球头弯曲、间隔棒损坏、导线断股、均压环损坏

事故原因分析：线路故障是由于导线覆冰舞动造成的。

2.4.2　气象对输电线路倒塔的影响

我国幅员辽阔，地质条件复杂多样，当输电线路经过煤炭开采区、软土质地区、山坡地、河床地带等特殊地带时，在自然环境（如雷击、雨雪、大风等）和外界条件的作用下，杆塔基础时常会发生滑移、倾斜、沉降、开裂等现象，从而引起杆塔变形或倾斜甚至倒塔。

2.4.2.1　引起输电线路倒塔的气象原因

（1）强风。龙卷风、台风、飑线风等强风暴自然灾害导致架空输电线路闪络、雷击跳闸等故障时有发生，严重时甚至造成输电线路杆塔倒塔事故发生。如果线路设计气象参数选取不当，塔型结构强度难以满足极端天气下的运行使用，在长时间大风作用下，杆塔主材疲劳超最大屈服应力，局部塔材强度无法满足运行要求，就会导致铁塔顺风向横线路方向发生倾倒。

（2）覆冰。导线覆冰后垂直荷载过大使铁塔压垮；由于导地线的纵向不平衡张力超过原塔的纵向设防强度而被顺线路方向拉到；导地线覆冰过重使得线条张力大幅提高，同时由于覆冰条件下大风，引起耐张塔角度力超过设计条件，导致耐张塔倒塔；导地线因覆冰超过了其承受能力引起了断线事故，断线后产生不平衡张力又进一步引起倒塔。覆冰过重还导致荷载超过绝缘子金具串承载能力而引起断裂或损伤，或因为倒塔断线使绝缘子金具损坏。

（3）雷雨。暴雨灾害对电力设备的影响主要是沟里、跨河及滑坡上的杆塔及其基础，因受到暴雨的冲刷、长期的浸泡及整体的平移，而造成杆塔倾倒。

2.4.2.2　实例分析

2008年年初，我国南方地区遭受了一场历史罕见的持续低温雨雪冰冻灾害（以下简称冰灾）。大部分地区普降大到暴雪和冻雨，气温较常年同期低2～4℃，造成部分地区交通和电力供应中断，经济运行和居民生活受到一定程度的影响，尤其是湖南、江西、贵州等省份受影响较大。突如其来的冰灾对我国2008年经济和电力供需产生了很大影响，年用电量少增长约一个百分点。

在拉尼娜现象影响下，赤道西太平洋水温偏高，水量蒸发加大，造成东亚地区径向环流异常。加之入春以来我国北方地区偏北气流盛行，而东南暖湿气流相对较弱，使得北方寒潮大风频繁出现。此时东亚地区正受到亚洲高压的影响，所以加强了源于西伯利亚地区冷空气迅速南下的势力。冷空气过境后，气温骤降，向南受秦岭以及大巴山等高大地形区的阻挡影响，长时间停留在这些地区。此外，西南方向从印度洋北上的暖湿气流不断增加湿度，与冷空气相互作用，形成了持续的地形雨（雪）。

根据现场测量和有关资料的分析表明，覆冰体半透明，密实无孔隙，坚硬、光滑。输电线路设计时导线覆冰荷载大多按 10mm 冰厚计算。湖南地区覆冰严重，其不同地域取 15、20mm 甚至更大的厚度。线覆冰体近似椭圆形，其长短轴相差较小，附着力强，为典型的雨凇，覆冰密度在 0.90g/cm^3 左右。导线标准冰厚普遍不小于 30mm，可达到 60 ~ 70mm（见图 2–4）。

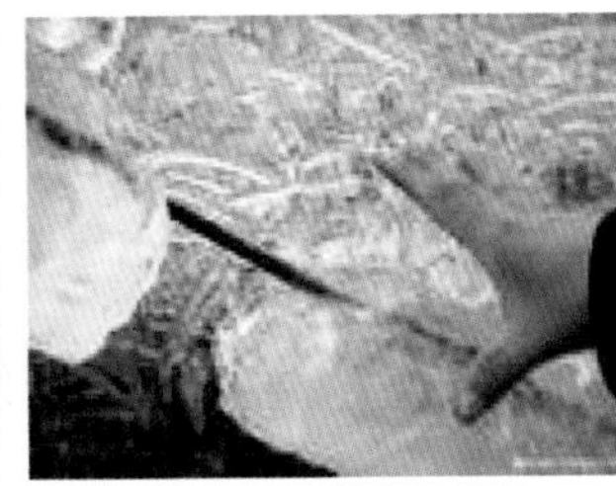

图 2–4　导线覆冰厚度

冰冻雨雪天气引起的导线覆冰厚度已远远超出设计取值，导致导线、金具、铁塔等都不能承受如此之重的覆冰荷载而最终发生破坏。

2.4.3　气象对电力设备污闪的影响

运行中的绝缘子（包括线路绝缘子、变电站支持绝缘子和套管）常会受到工业污秽和自然界盐碱、灰尘、鸟粪等的污染。在干燥情况下，这些污秽物的绝缘电阻很大；但当大气湿度较高时，在雾、露、毛毛雨等不利的天气条件下，绝缘子表面污秽物被润湿，其表面电导和泄漏电流剧增，使绝缘子的闪络电压显著降低，甚至在工作电压下就会发生闪络。这种输变电设备在工作电压下的污秽外绝缘闪络称为污闪。

2.4.3.1　气象因素对输变电设备污闪的影响

从污闪机理来看，表面积污与污层湿润是造成污闪的两个不可分割的因素。输变电设备外绝缘表面的污秽程度及污闪情况，除了取决于大气环境污染及污染源的性质外，还与该地区的气象条件密切相关。因此，电力部门除了采取措施提高输变电设备的耐污能力外，还应加强气象监测，分析掌握各种气象因素与污闪事故的关系，从而对防污工作起到积极的指导作用。

（1）湿度因素。绝缘子表面污秽的充分湿润是发生污闪的必要条件之一。水分的湿润将使绝缘子表面污层的电导率增加，从而使其绝缘特性明显降低。当污层达到饱和受潮状态，表面电导率达到最大值，其外绝缘特性将下降到最低点。因此在各种高湿天气下，绝缘子发生污闪的概率大增。长期运行经验表明：雾、露、毛毛雨最容易引起绝缘子污闪。这些天气条件的共同之处在于它们都具有较高的湿度水平（相对湿度一般在70%~80%，有的甚至达到100%），但又没有形成大量的降水。这时候之所以容易发生污闪，是因为在湿度较高的情况下污秽层被充分湿润，使得污层中的电解质完全溶解，但又不致使污层被冲洗掉，从而在绝缘子表面形成一层导电膜。因此，污层的电导率最大，而污闪电压最低。这其中又尤以雾的威胁性最大。图 2-5 为某电业局根据气象日志统计得出的各种气象条件下的闪络跳闸百分率。

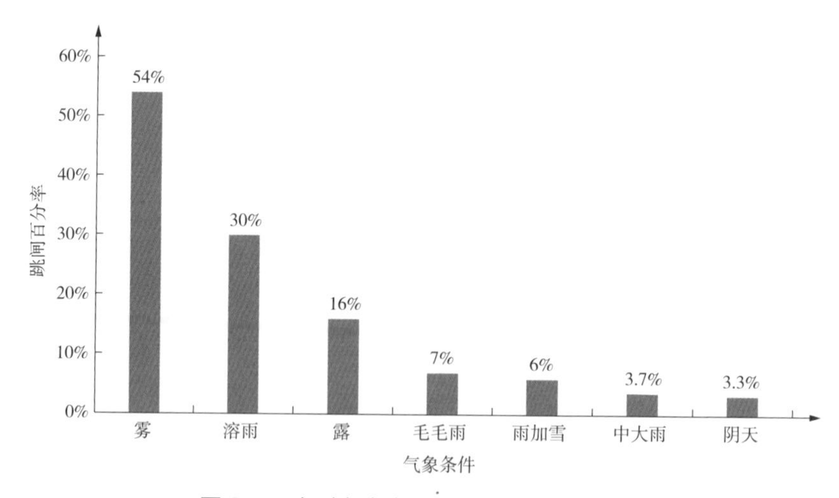

图 2-5　各种气象条件下的闪络跳闸百分率

雾是由大量悬浮在近地面空气中的微小水滴或冰晶组成的气溶胶系统，是近地面层空气中水汽凝结（或凝华）的产物，其形成主要是由于近地面空气的冷却作用。以河北省为例，大雾主要集中出现在11月至次年2月，以辐射雾为主。最常见的雾层高度为20～50m，持续时间可从1.5h到两三昼夜。雾的含水量（即1m^3空气中冷凝成水滴的液态水的克数）一般为0.2～0.5g/m^3。雾的含水量越高、持续时间越长，越容易使污秽层充分湿润，输变电设备面临的污闪危险也越大。

从化学特征看，雾水的离子浓度比雨水高得多，这一点在城市中更为突出。有研究表明，城市工业区的浓雾电导率可达2000μS/cm左右，而城市工业区边缘及邻近农村的浓雾电导率也可达数百至1000μS/cm以上。加之浓雾的持续时间较长，一般可稳定地维持数小时，因此浓雾对绝缘子表面有明显的污染作用。2001年2月22日污闪事故前，河北南部电网的线路设备大部分在1年前的秋冬季进行了清扫，污闪事故后复测发现，绝缘子表面污秽增强，除应考虑在冬季期间的积污外，由浓雾带来的湿沉降也使绝缘子表面的污秽度明显增加。图2-6为“2·22”污闪前后连续监测到的温、湿度变化曲线，可以看出21日和22日2次大雾天气的相对湿度和持续时间。

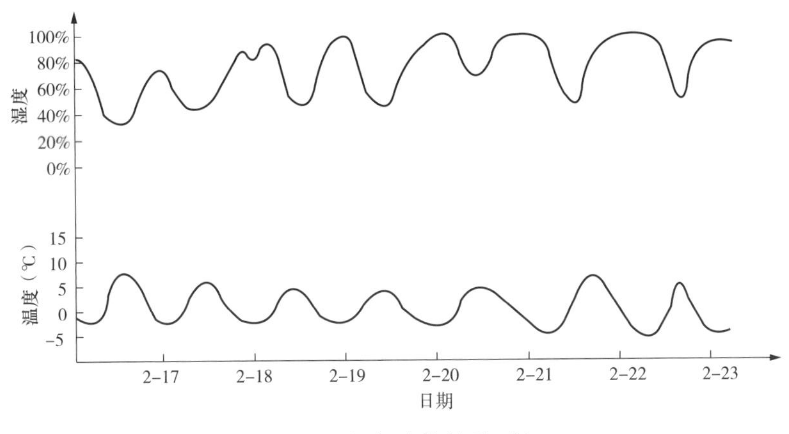

图2-6　污闪事故前后对比

露水是空气中的水分在温度低于周围环境的绝缘子上的冷凝物，通常出现在夜间，特别是初夏的凌晨。露与雾一样，也能使绝缘子的上下表面都得到充分的湿润。

毛毛雨是稠密而细小的液体降水，强度一般为0.5～4.0mm/h，水滴的半径为50～250μm，绝大多数为100～200μm。毛毛雨的降落速度不大，不超过1m/s，持续时间可达数小时以上。毛毛雨对绝缘子表面污层的湿润是逐渐完成的，所以可溶性物质的清洗过程非常缓慢，这一点与上述两种气象条件是相同的。应当指出的是，雾与露对绝缘子的湿润作用是均匀的，而在毛毛雨下绝缘了的湿润是不均匀的。在雨水不能直接落到的部位上，绝缘子受潮较大。因此，雾、露湿润下的绝缘子闪络电压要比毛毛雨下的绝缘子闪络电压低得多。有试验表明，在强度为1～30mm/h毛毛雨下的污秽绝缘子，闪络电压约比雾湿润时高出20%～40%。

（2）温度因素。绝缘子污层的湿润同样受到温度的影响。这里主要是指绝缘子表面温度与环境温度之间的温度差。温差不同，湿润的方式、速度、均匀程度等也不同，从而造成绝缘子污闪特性的差异。

污层的湿润包括冷凝、水滴碰撞、水分吸附和水珠扩散四种方式。当绝缘子表面温度高于环境温度时，形成正温差，污层的湿润由水滴碰撞、水分吸附、水珠扩散引起；当绝缘子表面温度低于环境温度时，形成负温差，则污层的湿润除了由上述三种方式引起外，更重要的一点是空气中的水分被直接冷凝到绝缘子的表面上。正温差越大，湿润的速度越慢，污层越不易受潮；而负温差越大，则污层的湿润就越快也越充分。

运行中的绝缘子发生污闪的时间一般在潮湿天气的凌晨时分，这时空气的气温已经开始上升，绝缘子的温度则由于其热容量比空气大许多而上升缓慢，这时绝缘子的温度低于周围环境温度，形成负温差。若此时空气中的水分充沛，则绝缘子表面的湿润将比较充分，此时其耐污闪的性能最差。

此外环境温度越高，同样污秽程度绝缘子的污闪电压越低。这是由于温度升高，物质的溶解度增大，电解液黏度降低，离子的运动速度加大，从而使污层电导率明显增加而污闪电压则明显下降。有研究表明，环境温度每升高 1℃，污闪电压将下降 0.7%～1%。

（3）气压因素。空气中放电电压随其密度增大而加大，这是由于随着密度增加，空气中电子的平均自由行程缩短，电离过程减弱造成的。一般而言，高气压下的闪络电压要比低气压时高。对污秽绝缘子闪络特性与气压之间关系的试验研究表明，在其他条件相同的情况下，绝缘子污闪电压随气压的降低而减小，绝缘子污闪电压与气压之间的关系为

$$U = U_0\left(\frac{P}{P_0}\right)^n，\ 0 < n < 1$$

式中：U_0 为标准大气压 P_0 下的污闪电压；U 为气压 P 下的污闪电压；n 为常数。

U_0 和 n 与绝缘子的形状和污秽程度有关。

（4）降水因素。降水对大气中的污秽物质有较强的净化作用。就降雨而言，可按雨强分为大雨、中雨、小雨。大雨和中雨的雨强大，可将绝缘子上部表面的可溶盐类冲洗掉，使绝缘子的耐压强度在一定程度上得以恢复，因而很少发生污闪。而毛毛雨和小雨不仅雨强小，水滴半径以及降落的速度也很小，冲洗作用并不明显，这时起主要作用的是对污层的湿润，所以造成的污闪事故较多。图 2-7 为某地按月测量的等值附盐密度随降雨量的变化情况。随着降雨量的增大，绝缘子表面的等值附盐密度会显著下降。

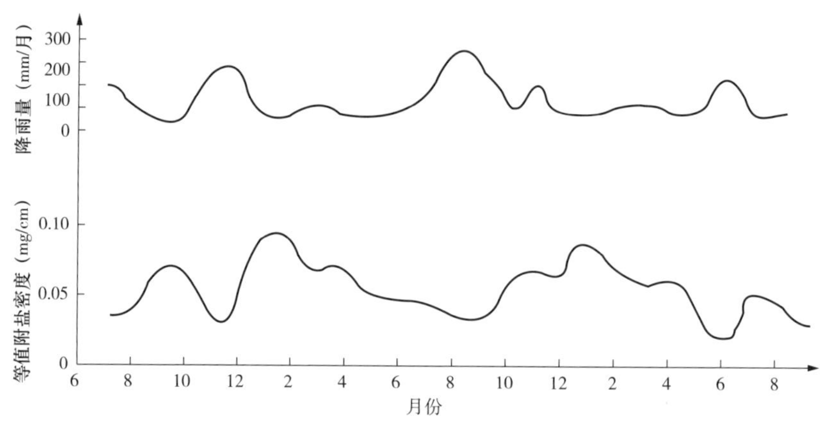

图 2-7 等值附盐密度随降雨量的变化情况

（5）风和湍流因素。一般把空气的水平运动称为风。排入大气的污秽物质在风的输送作用下，随着大气做水平移动。风速是污染源影响范围的重要参数。随着风速的增大，单位时间从污染源排放出来的污染物被吹散，对污秽具有稀释作用。而风向则影响受污范围的趋向，污染区总是在污染源的下风向。通常，污染范围基本上是以污源为起点的扇形范围。

风速的大小并不是十分稳定的，而风向也是有摆动的，风的这种无规则的阵性和摆动叫作大气湍流。大气湍流的结果使空气各部分得到充分混合，所以进入大气的污秽由于湍流的混合作用而逐渐分散稀释。当风的阵性和摆动比较猛烈时，大气湍流较强，大气的稀释能力也较强；当大气湍流比较弱时，大气的稀释能力比较弱。

（6）逆温因素。一般情况下气温随高度的升高而降低，当气温随高度升高而升高时即为逆温。在逆温状态下，大气相对比较稳定，不利于污染物的扩散和稀释。尤其在冬季夜间，由于大地表面强烈的降温作用或受冷空气的影响，地表及靠近地面的空气大幅降温，使得这个降温层的上部气温高于降温层的气温，出现逆温。这时暖而轻的空气在上面，冷而重的空气在下面，空气结构变得稳定，使接近地面的水汽和污染物不易向上扩散，造成近地层既有丰富水汽，又有污秽物可充当水汽凝结核的状态。一旦温度下降就形成对电力设备外绝缘有严重威胁的“脏雾”，极易诱发输变电设备污闪。

2.4.3.2 污闪对电网运行的影响

污闪是个区域性问题，其显著特点是同时多点跳闸的概率高。绝缘等级越低，跳闸概率越大，且重合闸成功率越小。华北电网 1975 ~ 1985 年统计表明，输电线路跳闸率为 27%。1996 ~ 1997 年，京津唐电网变电设备的几次污闪事故中，重合也大都失败。重合不良意味着存在永久性故障，而多点故障则意味着多处供电失去电源，甚至造成大面积的停电事故。

污闪的上述特点，是由于其本身的特殊性造成的。一个大型或中型变电站，绝缘子大约有几百支甚至上千支；而变电站的进线、出线也有几条至几十条。在周围几十或上百平方公里的地区，大气的污染几乎是相近的，雾、露、毛毛雨等潮湿的气象条件也几乎是相同的，一旦一处污闪跳闸，则表明这个地区几乎相同的几百个或上千个绝缘子个体均处于临界污闪跳闸的边缘。一处跳闸，重合闸动作，还会造成电网的振荡，临界输变电设备又多承受一个操作过电压的作用，使设备处于更加不利的状态。特别是较多设备的外绝缘抗污闪能力都低于实际承受的严酷湿污条件时，往往会造成区域性的大面积污闪事故。1989 年末至1990 年初，全国若干个省市发生大面积污闪的根本原因就是输电线路配置的外绝缘水平远低于设备表面实际污染程度对外绝缘水平的要求相差太多的缘故。

2.4.3.3 实例分析

以某地区环境污秽分析为例，通过对某 110kV 变电站室外电气设备在特殊环境下放电这一现象，分析该地区电气设备外绝缘污秽放电原因。

（1）实例简介。2012 年 5 月，某 110kV 变电站内绝大部分的 110kV

支柱绝缘子、电流互感器、电压互感器和开关绝缘外套（包括硅胶外套）都相继出现严重爬电现象，特别是主变压器 10kV 某线路外绝缘护套出现了严重击穿的爬电现象。

（2）污闪原因分析。

该地区位于煤炭化工区，其下管辖着几十座变电站，随着当地煤炭化工基地建成，2008 年以后该地区增加了许多化工类企业，导致化工污染和煤电工业污染不断加重。

在普通污染环境下，高压电气设备外绝缘具有良好的防污闪性能。可随着该地区煤化工工业的发展，周边变电站户外设备积污黏结、混合，在绝缘子表面形成高油性的沉积污秽，传统的有机硅材料具有的憎水亲油特性，使得防污闪性能得不到发挥，反而在高湿环境下加重了污秽放电的发生。

（1）结合该地区的环境气候特点宏观分析。该地区气候属温带内陆干燥气候，常年风沙大，周围是戈壁荒漠，树木少。随着大型工业企业的发展和人类活动的频繁加速，本地区的空气污染日益恶化，空气中的各种酸、碱、盐、硫化物、胺、酚、苯等石化分解物以及金属微粒、煤炭粉尘、灰尘、沙粒等污染物也在逐渐增多。这些污染物随风沙迁移，在遇到雾、露、细雨、融雪等气候条件时，凝集了水分后重量增加而降至绝缘子上。再加上该地区群山起伏阻碍了重污秽的扩散，大气中污秽浓度增加，受潮湿沉降到电气设备装置的绝缘子上，潮湿的水汽会促进污秽在绝缘子上沉降，速度比干燥天气增加 2000 ~ 3000 数量级，设备的下风侧积污严重，形成污秽集物，导致污层中的电解质溶解，使得污层中的表面电导增加，致使泄漏电流增大。由于泄漏电流的热效应，在电流密度较大处出现干区，干区部分的污层电阻骤增，使干区承受较高电压，若干区表面场强超过空气击穿强度，干区便击穿，出现跨越干区的小电弧。随着湿润程度的增加，泄漏电流幅值增大，局部电弧长度增加，当电弧长度达到临界值时，绝缘表面将发生闪络现象。大大降低了高压电气设备的外绝缘性能。

（2）变电站设备污秽成分微观分析。2014 年 4 月，对该地区变电站主变压器停电检修，对主变压器高压套管绝缘子外绝缘表面污秽进行取样分析其主要离子成分见表 2-2。

表 2-2 变电站污秽主要离子质量百分比检测结果

污秽离子名称	主变压器高压套管支柱绝缘子位置污秽离子含量（mg/cm^3）						
	位置①	位置②	位置③	位置④	位置⑤	位置⑥	任意位置 A
F^-	0.9	0.5	0.7	0.7	0.6	1.0	0.55
Cl^-	2.6	1.9	1.8	2.0	2.3	2.1	1.48
NO_3^{-1}	2.1	3.5	3.8	2.9	4.0	4.3	4.14
SO_4^{-2}	5.7	4.7	3.6	4.0	3.9	4.2	3.45

注 取样位置是主变压器高压套管支柱绝缘子，取样时间是 2014 年 4 月 20 日。①～⑥是 2～4 号支柱绝缘子不同伞裙的污秽，A 是支柱任意位置的污秽。

初步分析以上数据可知，该变电站设备外绝缘表层的污秽离子主要成分是 NO_3^-、SO_4^{2-}、C_l^- 等，这一点也可以从变电站金属部件严重锈蚀的情况反映出来。另外，取样时可以明显感到污秽煤尘粘手，说明绝缘子表面是油性污秽附着，里面包含大量的可溶性酸和盐化合物。

（3）结合煤炭化工区污秽物性质和气象条件数据分析。可以看出闪络与污秽对设备的影响非常严重，引起污闪的气象条件以雾、露、雪、毛毛雨为主。这说明污秽闪络与污秽物的导电性能、污秽物附着在绝缘子表面的程度以及污秽物受潮等有关。

2.4.4 气象对电网负荷的影响

电网负荷又称用电负荷。电能用户的用电设备在某一时刻向电力系统取用的电功率的总和，称为用电负荷。根据电力用户的不同负荷特征，电力负荷可分为工业负荷、农业负荷、交通运输业负荷和人民生活用电负荷等。

2.4.4.1 负荷变化特点

（1）城市民用负荷主要是城市居民的家用电器。它具有年年增长的趋势，以及明显的季节性波动特点，还与居民的日常生活和工作的规律紧密相关。

（2）商业负荷，主要是指商业部门的照明、空调、动力等用电负荷。商业负荷覆盖面积大，且用电增长平稳，同样具有季节性波动的特点。虽然商业负荷在电力负荷中所占比重不及工业负荷和民用负荷，但商业负荷中的照明类负荷占用电力系统高峰时段。此外，由于商业部门在节假日会增加营业时间，从而成为节假日中影响电力负荷的重要因素之一。

（3）工业负荷是指用于工业生产的用电。一般工业负荷的比重在用电构成中居于首位，它不仅取决于工业用户的工作方式（包括设备利用情况、企业的工作班制等），而且与各行业的行业特点、季节变化和经济危机等因素都有紧密的联系。一般工业负荷是比较恒定的。

（4）农村负荷是指农村居民用电和农业生产用电。此类负荷受气候、季节等自然条件的影响很大，这是由农业生产的特点所决定的。农业负荷也受农作物种类、耕作习惯的影响，但就电网而言，由于农业负荷集中的时间与城市工业负荷高峰时间有差别，所以对提高电网负荷率有好处。

从以上分析可知，电力负荷的特点是经常变化的，不但按小时变、按日变，而且按周变、按年变，同时负荷又是以天为单位不断起伏的，具有较大的周期性。负荷变化是连续的过程，一般不会出现大的跃变。但电力负荷对季节、温度、天气等是敏感的，不同的季节、不同地区的气候以及温度的变化都会对负荷造成明显的影响。

2.4.4.2　气象对负荷变化的影响

影响负荷变化的气象因素有温度、湿度、气压、降雨量、日照情况、天气情况等。尽管人们通常用气温的高低来表示环境冷热，但是气象对电力负荷的影响，不能仅仅根据气温或者其他单一的气象因素来评价。通常人的皮肤温度比体温略低一些，大约是32℃，理论上讲，当气温高于32℃时，人体就应该产生炎热的感觉，然而事实并非如此。例如，在气温35℃的环境中，如果空气的相对湿度为40%～50%，风速在3 m/s以上，人们就不会感到很热，空调负荷不会太高；但是同样的温度环境下，湿度若达到70%以上，风速很小时，就会产生闷热难熬的感觉，甚至出现中暑现象，空调负荷会迅速增高。同样的道理，在低温环境下，不同的湿度和风速也会为人们带来不同的寒冷感受，从而引起不同电力负荷变化。也就是说，温度、相对湿度、气压、辐射、风力等气象因素都会对电力负荷造成不同程度的影响。

在气象因素中，温度对负荷的影响最大，如何分别考察各个气象因素对电力负荷的影响以及如何综合考察这些因素对电力负荷的影响，是当前负荷特性分析以及负荷预测工作中迫切需要解决的问题，另外，随着气象预测手段的完善和技术的发展，实时气象资料的获取越来越方便，如何考察实时气象因素对电力负荷的影响是一个全新的课题。

2.4.4.3　负荷变化对电网运行的影响

外部环境发生变化（如气候变化、温度异常变化、节假日、重大事件的发生、产业政策的调整等）引起的负荷波动，对负荷预测及运行方式安排带来不利影响，负荷短时急剧变化和电力负荷的非周期性变动及各种冲击性负荷会对电网安全稳定运行产生威胁。特别是在线路满载或超稳定极限下运行时，遇到负荷的突然变动，容易造成电网振荡，若处理不当将给电网带来灾难性危害和难以估量的损失。

2.4.4.4 实例分析

2019年7月中旬，某小区频频停电。据了解该小区尽管已经交房一年多，但是仍未开通正式电，因临时电负荷大，所以频繁出现跳闸停电的情况。

分析停电原因认为：夏季温度较高，用电负荷较大，负荷高峰期间线路、设备易发生故障。供电公司承诺发生故障后城市区域抢修人员45min内到达，农村区域90min内到达。因线路故障为突发情况，事前无法预测，需抢修人员到达现场确认故障点后，才能开始抢修。故障恢复时间视情况而定，某些简单故障排除时间较短，较大故障需要调配人员及相关物资，修复时间较长需要四五个小时。

2.4.5 雷害对设备的影响

雷电是一种大气中放电现象。这种放电有的是在云层与云层之间进行，有的是在云层与大地之间进行。当雷电流流过被击物时，会导致被击物的温度升高。电力系统中供电设施的损坏很多情况下与此热效应有关。从根本上来说热效应与雷击放电所包含的能量有关。其中峰值电流起到很大的作用。当雷电流流过被击物时还会产生很大的电磁力，电磁力的作用有时也能使其弯曲甚至断裂。另外，雷电流通道中可能出现电弧。电弧产生的膨胀过压与雷电流波的成分有关，其骤增的高温会对被击物造成极大的破坏。这也是导致许多供电设备损坏的主要原因。

2.4.5.1 输电线路雷击的分类

输电线路上出现的雷电过电压主要有直击雷过电压和感应雷过电压两种，前者由雷击线路引起，后者由雷击线路附近地面而产生电磁感应引起。

如图2–8所示，输电线路未架设避雷线的情况下，雷击线路的部位只有两个：①雷击导线、绝缘子；②雷击杆塔顶。

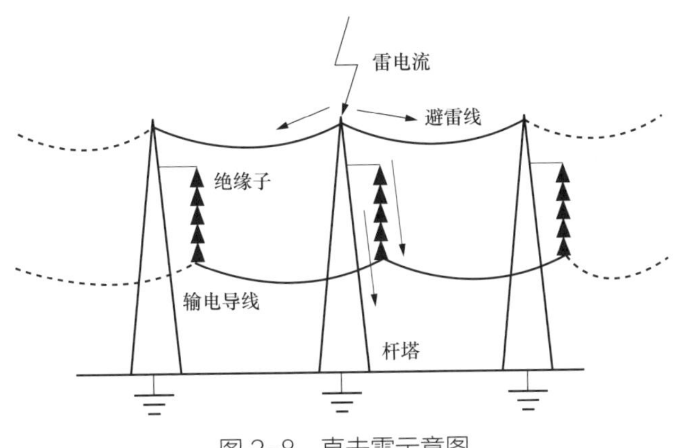

图 2-8　直击雷示意图

当雷击线路附近的大地时，由于电磁感应，在导线上将产生过电压，即感应雷过电压，其形成如图 2-9 所示。

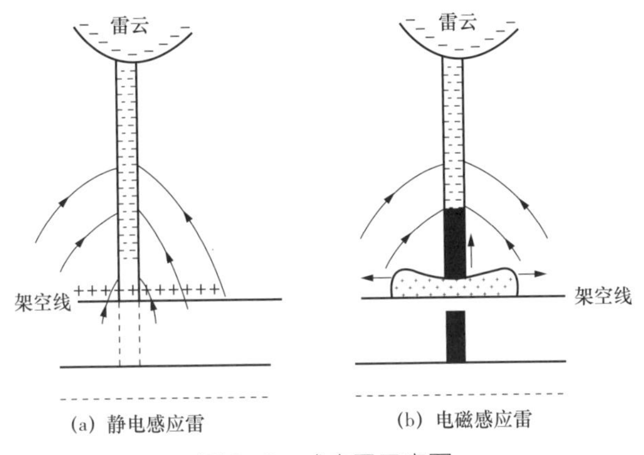

图 2-9　感应雷示意图

2.4.5.2　雷击输电线路的危害

雷害事故在现代电力系统的跳闸停电事故中占有很大的比重，特别是伴随着科学技术的发展，开关和二次保护的产生，电力系统内部过电压的降低及其导致的事故减少，雷击引起的线路跳闸事故占比日益增加占电网总事故的 60% 以上。不仅影响线路、设备的正常运行，而且极大地影响了日常的生产生活，因雷击线路造成的跳闸事故输电线路防雷保护的目的就是尽可能减少线路雷害事故的次数和损失。

2.4.6 风害对设备的影响

风是输电线路遇到频率最高的一种天气现象，风害故障是最常见、最难以杜绝的输电线路故障之一。电网电压等级越高，对风的敏感度就越强，风害导致的输电线路故障也会越多，后果也就越严重。

2.4.6.1 输电线路风害的类型

输电线路风害是指在大风、微风振动甚至叠加覆冰舞动等作用下，导致线路跳闸、输电停运以及部件损坏等事件，按照故障类型可分为风偏跳闸、绝缘子和金具损坏、导地线断股和断线、杆塔损坏等。

（1）风偏跳闸是输电线路风害中最常见的类型。风偏跳闸是指导线在风的作用下发生偏摆后，由于杆塔空气间隙电气安全距离不足而导致的放电跳闸。风偏跳闸是在工作电压下发生的，重合闸成功率较低，严重影响供电可靠性。若同一输电通道内多条线路同时发生风偏跳闸，则会破坏系统稳定性，严重时会造成电网大面积停电事故。除跳闸和停运外，导线风偏放电还会造成金具和导线损伤，带来线路安全隐患。

（2）绝缘子和金具在微风振动和大风的作用下会发生金具磨损和断裂、绝缘子掉（断）串、绝缘子伞裙破损等情况，引发线路故障。

（3）导地线在微风振动和大风作用下摆动会造成疲劳损伤，发生断股和断线故障。断股是指导地线局部绞合的单元结构（一般为铝股）损坏。由于钢芯一般仍然完好，因此断股不易被及时发现。断线则是导地线的钢芯和导体铝股完全被破坏。当断股达到一定数目时会对线路安全运行造成影响，断线时则会造成停运。

（4）舞动是线路导地线不均匀覆冰后，在稳定的风向、风速作用下产生的导地线以一定频率和波幅舞动的现象。舞动会引起导地线接近而跳闸，也可能造成金具疲劳断裂或磨损、绝缘子伞裙破损等，甚至会造成倒塔断线。

（5）倒塔是风害事故能引发的最严重后果，会造成输电线路长时间故障停运，且需要消耗大量的人力、物力进行恢复。受自然灾害增加的影响，输电线路的倒塔次数和基数呈现增长趋势。

2.4.6.2 输电线路风害故障的成因

风偏跳闸的主要原因为局部风速超过输电线路设计风速。500 kV 输电线路的设计风速一般为 27 m/s（10 m 基准高，下同），220 kV 输电线路的设计风速一般为 23.5 m/s。受台风、龙卷风、飑线风的影响时，瞬时风力一般在 11 级以上（风速大于 32.6 m/s，局部地区甚至超过 35 m/s）。在超设计大风的作用下，绝缘子串的风偏角增大，导致导线与杆塔的距离未满足安全距离的要求，最终发生放电。

强风是导致风偏放电的直接原因，设计时对恶劣气象估计不足、设计风速和风压不均匀系数的取值不当等都是风偏故障的重要影响因素。另外，由于飑线风、台风均伴有雷暴雨，导致空气绝缘强度降低，导线与杆塔间隙的工频放电电压会进一步降低，增大风偏跳闸的概率。

2.4.6.3 实例分析

2010 ~ 2014 年，国内某区域 110（66）kV 及以上输电线路共发生风害故障 769 次，其风害故障分类结果见表 2–3。从表中可以看出，风偏跳闸为风害故障的主要类型，5 年间区域线路共发生 688 次风偏跳闸故障，占风害故障总次数的 89.47%。

表 2–3 某区域 110（66）kV 及以上线路风害类型统计

风害类型	次数	占比
风偏跳闸	688	89.47%
绝缘子和金具故障	19	2.47%
断股和断线	17	2.1%
杆塔损坏	45	5.85%

2011～2015 年，某省 220kV 及以上线路共发生风偏跳闸 16 次，占跳闸总数的 5.2%；重合成功 1 次，重合成功率仅为 6.3%。风偏跳闸数统计如图 2-10 所示。

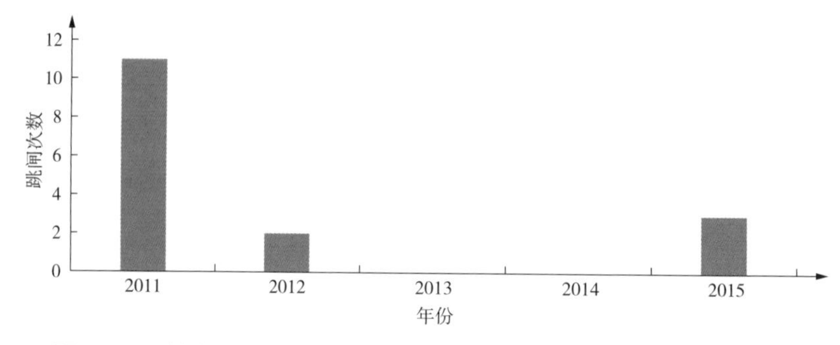

图 2-10　某省 2011～2015 年 220 kV 及以上线路风偏跳闸次数统计

（1）2011 年，该地区发生风偏跳闸 11 次，重合成功 1 次。其中，500 kV 线路跳闸 6 次，220kV 跳闸 5 次。故障主要原因为 7～8 月该地区多次出现超线路设计条件的强对流大风。

（2）2012 年，该地区发生风偏跳闸 2 次，重合成功 0 次。

（3）2013～2014 年，未发生 220kV 及以上线路风偏跳闸。

（4）2015 年风偏跳闸 3 次，重合成功 0 次。其中，500kV 线路跳闸 3 次，故障主要原因为受台风影响，局部风速超线路设计风速。

2011～2015 年，某省 500kV 线路风偏跳闸 11 次，占跳闸总数的 68.75%；220kV 线路风偏跳闸 5 次，占跳闸总数的 31.25%。造成该省风偏跳闸的主要外部原因为飑线风影响。飑线风的风速从地表开始向上急剧增大，大多在距离地面约 70 m 高度时达到最大，然后随着高度的增加迅速减小。500 kV 线路杆塔较高，在杆塔高度上风速较大，是导致 500 kV 线路风偏跳闸率高于 220 kV 线路的重要原因。

>>

3 气象与电力生产

电力建设的迅速发展，对供电质量的要求逐渐提升，尤其是可靠性指标，在可靠性供电的基础上，保证主网运行安全可靠成为最基本的需求。随着社会经济发展，气象灾害对电力生产的影响越来越明显，在实际电路情况下，架空输电线路的点很多，所涉及的面也宽，而且变电设备往往常年暴露在空气中，受到各种恶劣天气的影响，无法保证其能够一直安全稳定的运行，常常会发生线路跳闸的情况，严重影响着电力系统生产安全。下面就影响电力系统安全运行的主要天气情况做简单介绍，以便对自然灾害的致灾原因和防范对策进行分析和探讨。

3.1 气象灾害

气象灾害就是大气对国民经济建设、人们的生命财产安全与社会发展造成的间接或直接损失。最近几年，由于气象灾害导致的损失呈现迅速增长的态势，每年因为干旱、台风、冰冻、高温、洪涝与暴雨等灾害威胁电网稳定安全运行的情况时常出现，同时国民经济也正在面临巨额损失。从统计数据可以得知，污秽、覆冰与暴雨这三项自然灾害对我国电网正常运行产生的影响较大，其次是台风、火山与雷电。这里受台风影响最为频繁的是我国东南沿海城市，受雷电影响最为频繁的是我国西南地区与中东地区。据近 20 年的研究结果可知，气象灾害已经成为致使电网体系事故出现的第二大原因。所以，开展气象灾害监测分析且充分了解电力体系受到的影响，有助于减轻与抵抗气象灾害导致的损失与防灾减灾的施行。

3.2 气象与线路舞动的关系

以某省提供的气象数据为例，分析气象与线路舞动的内在联系。该省地处欧亚大陆东岸，属于温带大陆性季风气候区。主要气象特点为：冬冷夏暖，寒冷期长；春秋短促多风；南湿北干，雨量集中；日照充足，四季分明。2010 ~ 2015 年冬季气温整体呈上升趋势，平均降水量呈明显增多趋势。

该省电网分布的部分地区处于我国舞动分布图的一级舞动区，当满足发生舞动的气象条件时，发生舞动的概率很大。

在发生舞动的输电线路附近新建数座数字化气象站，并安装在线检测装置，检测舞动发生时的气象环境，监测该省内各地区气象情况，并与历年平均值进行对比分析，结果见表 3–1 ~ 表 3–5。

表 3–1 该省 A 地区冬季（11 月 ~ 第二年 1 月）气象情况

时间	温度（℃）	2010 ~ 2015 年平均温度（℃）	温度差（℃）	降水量（mm）	2010 ~ 2015 年平均降水量（mm）	降水量差值（mm）
2010 ~ 2011	–8.4	–10.9	2.5	20	20.2	–0.2
2011 ~ 2012	–6.2	–10.9	4.7	9.4	20.2	–10.8
2012 ~ 2013	–9	–10.9	1.9	1.2	20.2	–19

续表

时间	温度（℃）	2010～2015年平均温度（℃）	温度差（℃）	降水量（mm）	2010～2015年平均降水量（mm）	降水量差值（mm）
2013～2014	−7.2	−10.9	3.7	39.1	20.2	18.9
2014～2015	−7.5	−10.9	3.4	37.5	20.2	19.3

表3-2　该省B地区冬季（11月～第二年1月）气象情况

时间	温度（℃）	2010～2015年平均温度（℃）	温度差（℃）	降水量（mm）	2010～2015年平均降水量（mm）	降水量差值（mm）
2010～2011	−4.5	−8.5	4	29	19.8	9.2
2011～2012	−1.9	−8.5	6.6	5.1	19.8	−14.7
2012～2013	−6.5	−8.5	2	9.7	19.8	−10.1
2013～2014	−4.5	−8.5	4	42	19.8	24.2
2014～2015	−11	−8.5	−2.5	40	19.8	20.2

表3-3　该省C地区冬季（11月～第二年1月）气象情况

时间	温度（℃）	2010～2015年平均温度（℃）	温度差（℃）	降水量（mm）	2010～2015年平均降水量（mm）	降水量差值（mm）
2010～2011	−9.2	−12	2.8	30	24.6	5.4
2011～2012	−7.2	−12	4.8	35.3	24.6	10.7
2012～2013	−10.8	−12	1.2	13.5	24.6	−11.1
2013～2014	−9.2	−12	2.8	50.4	24.6	25.8
2014～2015	−11.8	−12	0.2	46.8	24.6	22.2

表3-4　该省D地区冬季（11月～第二年1月）气象情况

时间	温度（℃）	2010～2015年平均温度（℃）	温度差（℃）	降水量（mm）	2010～2015年平均降水量（mm）	降水量差值（mm）
2010～2011	−13.6	−13	−0.6	26.7	17.5	9.2
2011～2012	−8.1	−13	4.9	16.2	17.5	−1.3
2012～2013	−11.9	−13	1.1	9.5	17.5	−6

续表

时间	温度（℃）	2010～2015年平均温度（℃）	温度差（℃）	降水量（mm）	2010～2015年平均降水量（mm）	降水量差值（mm）
2013～2014	-10.6	-13	2.4	36.6	17.5	21.1
2014～2015	-13.3	-13	-0.3	51.9	17.5	34.4

表3-5　该省E地区冬季（11月～第二年1月）气象情况

时间	温度（℃）	2010～2015年平均温度（℃）	温度差（℃）	降水量（mm）	2010～2015年平均降水量（mm）	降水量差值（mm）
2010～2011	-17.6	-11.1	-6.5	25.4	18.2	7.2
2011～2012	-10	-11.1	1.1	21.3	18.2	3.1
2012～2013	-11.4	-11.1	-0.3	11.2	18.2	-7
2013～2014	-15.3	-11.1	-4.2	39	18.2	20.8
2014～2015	-10.5	-11.1	-0.6	41	18.2	22.8

通过对2010～2015年冬季气象监测分析表明，2次大面积输电线路覆冰舞动发生时的气象条件十分接近，舞动表现形式、造成的后果等都与以往的舞动情况基本一致，是典型的覆冰舞动现象。线路舞动发生时主要气象特点为：

（1）空气湿度较大，一般为90%～95%，干雪不易凝结在导线上，雨凇、冻雨、雨夹雪是导线覆冰常见的气象条件。

（2）均有一次明显的降温过程，气温在短时间内由零上降至零下，有雨转雪或冻雨的气象过程。发生覆冰时温度一般为-5～0℃，温度过高或过低均不易形成导线覆冰。

（3）有持续稳定的风，线路发生舞动的风速一般为5～15 m/s，风向为北风、西北风。

（4）观测到的导线覆冰基本为雨凇（冻雨），密度较高，呈不均匀形态，雨凇积冰的直径一般为40～70mm。

通过对舞动发生的气象环境监测得出结论，由于受风、雨、雪、冰等荷载的作用，相间间隔棒及线夹在空中存在较大的自由度。尤其是在覆冰舞动时，输电线路部分防舞动相间间隔棒存在问题，是将发生上下往复的剧烈运动，会加剧金具磨损。金具磨损后增大了金具与导线间的间隙，过大的活动间隙又加剧了导线的磨损，最终可能导致断线事故的发生。

当地电力部门了解原因后，以此为依据积极开展输电线路防舞治理工作：加装线夹回转式间隔棒、相间间隔棒、防舞鞭、失谐摆及偏心重锤，以及组合应用防舞装置；进行防舞技术改造，改变局部地区的线路走向，避开舞动地带；适当缩小档距和耐张段长度；适当提高杆塔关键部位和相关金具的强度；改善铁塔螺栓的防松性能等。

采取防舞动措施后，输电线路在相似气象条件下未发生舞动现象，证明采取的防舞动措施是可靠且有效的。

3.3 气象与倒塔的关系

2008 年 1 月中旬至 2 月中旬，仅短短不到一个月的时间内，我国南方遭遇罕见雨雪冰冻严重自然灾害，湖南、广东等九省输电线路出现了大面积覆冰和微风振动及舞动现象，致使输电线路闪络跳闸、杆塔结构严重受损。这种大面积的倒塔、断线无疑给南方地区电网造成重创，给经济发展和人民生活造成了不可估量的损失。

南方输电线路倒塔大部分从杆塔拦腰折弯或断裂。其主要原因为铁塔较长期间承受超偏重覆冰荷载，在微风振动或舞动外力作用下形成动态的交变应力，在多次重复动态交变应力作用下，铁塔构件产生弯折或断裂，弯折或断裂处型钢呈现“劲缩”（见图 3-1），属于典型的构件疲劳破坏。

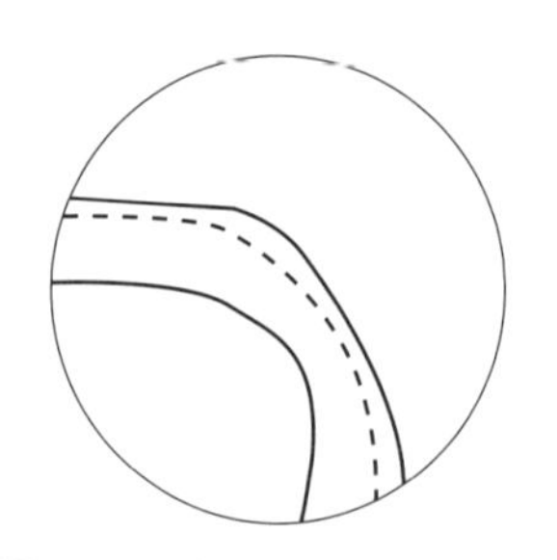

图 3-1　弯折处出现“劲缩”

3.3.1　倒塔形成的气象数据应用分析

在某地区冰雪倒塔长时间停电事故后，电网部门加强和气象部门紧密合作，分析倒塔形成的气象原因，收集到的该地部分杆塔气象数据如表 3–6 ~ 表 3–8 所示。

表 3–6　37 号杆塔气象监测情况

时间	最低温度（℃）	平均温度（℃）	湿度	风速（m/s）	覆冰厚度（mm）
2008 年 1 月 16 日	–12.1	–8.9	86%	5.2	15
2008 年 1 月 21 日	–8.9	–7.3	85%	15.5	17
2008 年 1 月 27 日	–6.8	–6.4	85%	10.3	18
2008 年 2 月 4 日	–16.5	–13.4	85%	8.6	19
2008 年 1 月 10 日	–13.8	–10.9	85%	6.7	25

表 3–7　47 号杆塔气象监测情况

时间	最低温度（℃）	平均温度（℃）	湿度	风速（m/s）	覆冰厚度（mm）
2008 年 1 月 16 日	–20.7	–14.6	87%	4.2	16
2008 年 1 月 21 日	–14.6	10.9	85%	8.5	13
2008 年 1 月 27 日	–13.6	–8.9	85%	7.3	19
2008 年 2 月 4 日	–14.8	–7.9	85%	5.6	24
2008 年 1 月 10 日	–20.3	–15.7	85%	6.7	25

表 3-8 56 号杆塔气象监测情况

时间	最低温度（℃）	平均温度（℃）	湿度	风速（m/s）	覆冰厚度（mm）
2008 年 1 月 16 日	-9.8	-7.6	85%	4.5	14
2008 年 1 月 21 日	-14.3	-12.4	85%	9.4	19
2008 年 1 月 27 日	-19.2	-14.6	85%	4.2	24
2008 年 2 月 4 日	-18.2	-12.5	86%	7.1	27
2008 年 1 月 10 日	-17.5	-14.8	85%	3.5	24

通过对 2008 年 1 月中旬至 2 月中旬不同覆冰倒塔发生的气象情况进行监测分析，覆冰大约有雨凇、雪凇（雾凇）及混合凇等形式。一般在严冬或初春气温为 -5 ~ 0℃，风速为 3 ~ 15m/s，大雾或毛毛雨时容易形成雨凇；当气温下降至 -40 ~ -21℃环境下，相对湿度大于 85%，过冷的水汽不断凝华，形成雨凇、冻雨或雨雪，共同集聚成密度 0.6g/cm^3 以上厚冰层，对杆塔危害最大；当气温为 -15 ~ -6℃时，雨雪在湿度较低地方形成雪凇；当气温下降至 -20 ~ -11℃，晴冷天气，雪凇和雨凇交替重叠，形成混合凇。雨凇覆冰特征是重量大、附着力强、密度大，对杆塔安全危害极大。雨凇在导线上形成覆冰的过程是，当任意方向气流夹杂雨雪向导线横截面流动时，不同流速形成不同形状的涡流散发包括基准型、偏离型、混合型；当气流从导线的顶端和底端继续散发，在气流的振荡压力和净力作用下，导致雨雪在导线凝结成机翼型、圆锤型及偏圆柱体的覆冰。雪凇和混合凇覆冰过程雷同，但由于雪凇和混合凇的覆冰附着力差、密度小，对导线危害不大。

造成覆冰的气象因素主要有气温、风速、空气湿度，其相对湿度与覆冰密度成正比，当风速大于 1m/s 时，可能产生覆冰；当风速为 2 ~ 7m/s 时，最易产生覆冰。对输电线路结构来说，导线直径越大，越容易覆冰。另外，当铁塔处于主导风口并与风向形成一定夹角时易覆冰，当夹角小于 45° 或大于 150° 时，覆冰较轻，反之较重。

3.3.2 倒塔发生的原因

造成覆冰的气象因素主要有气温、风速、空气湿度，其相对湿度与覆冰密度成正比，当风速大于 1m/s 时，可能产生覆冰；当风速为 2 ~ 7m/s 时，最易产生覆冰。对输电线路结构来说，导线直径越大，越容易覆冰。另外，当铁塔处于主导风口并与风向形成一定夹角时易覆冰，当夹角小于 45° 或大于 150° 时，覆冰较轻，反之较重。

通过以上对气象因素监测分析发现，倒塔发生的原因主要为：

（1）超重过荷载。2008 年南方冰雪导致杆塔和导线表面覆冰厚度为 18 ~ 20 mm，个别地方覆冰厚达 100 mm，而杆塔线路设计覆冰值为 10 mm，导线覆冰超设计值的 2 倍甚至 10 倍。按相对湿度 85%，覆冰密度 0.91g/cm^3，覆冰平均厚度为 20mm，档距长 200 m，单根导线直径为 30mm，计算出覆冰荷重为 57.2 kg，加上导线、绝缘子、金具、杆塔自重，总覆冰荷载严重超过设计值。

（2）偏重过荷载。由于南方处于多风地域，多数倒塌杆塔处于山区风口和峡谷垭口处，覆冰形状呈现机翼形、圆锤形和偏圆柱体形，构成杆塔严重的偏重过荷载。

（3）引起张力差。当相邻导线由于覆冰引起偏重过荷载时，产生不平衡张力差，不平衡张力随覆冰荷载增大而增大，导致杆塔失稳倒塌，从而拉倒相邻的杆塔。

（4）微风振动和舞动。微风振动和舞动无疑是南方冰雪倒塔不可忽视的重要原因。微风振动对导线杆塔危害众所周知。导致导线舞动因素太多，难以定论，尚未完全解决。

3.3.3 防倒塔措施

电力部门通过对冰雪倒塔的气象情况监测分析，有针对性地开展冰雪倒塔防治对策。主要应对措施包括：

（1）建立健全防御极端气象灾害体系和机制。纵观南方地域严重低温雨雪冰冻极端气象灾害，其特点是范围广、强度大、时间长、损失重。面对异常恶劣天气，电力部门必须加强和气象部门紧密合作，联手建立健全防御极端气象灾害体系和预警机制，建立重大气象灾害防御体系和科学应对极端气象灾害的机制。

（2）重冰区的设立、修订和管理按设计规程规定。覆冰值在20mm及以上输电线路区段属于重冰区，重冰区设立要根据南方冰雪灾害情况重新调整，加大各项管理工作力度。加强对黄河以南冰冻天气易发地区输电线路覆冰观测，结合当地地形、地貌，特别注意河谷垭口、峡谷垭口、暖湿气流通道、冬季主导风口、湿度、历史气象资料等进行科学分析和评估，提出设立重冰区的建议和该地区输电导线覆冰设计取值数，供新设计和重新修复输电线路参考。

（3）对于重冰区，要逐基杆塔进行分析，判断其输电线路覆冰厚度危险等级。以一个耐张段为基本设计单元，考虑转角、档距、高差、不平衡张力、覆冰荷载等因素，计算出该段区内杆塔达到失稳倒塌极限值时的覆冰厚度，以此极限值由低到高排序，将杆塔划分为特高危、高危、危险、一般杆塔，在冬季密切关注这些区段运行状况，并做好各项抢修准备工作。

（4）改进重冰区域杆塔的设计规则，应增大杆塔覆冰、舞动的设防值。据观测，当发生严重覆冰和舞动事故时，导线、金具、杆塔承受的巨大动态荷载可达静态荷载的3倍以上，极易引发倒塔事故。受灾线路的设计建设虽然符合国家标准，但无法抗拒突发的自然灾害，仍会对电网安全运行构成威胁。所以必须增大杆塔覆冰和舞动的设防值，且要结合当地覆冰等具体实际进行综合考虑。另外，重冰区域输电线路应遵循普遍性与特殊性相结合的科学适用设计原则，做适当修改。

（5）加强对重冰区域管理工作。首先，加强对重冰区域建档和日常各项管理工作。对重冰区段单独建档管理，主要包括杆塔塔型、区段内的垂直档距、水平档距、所用金具串组合、运行记录、检修记录、覆冰观测记录、施工运行交通图、群众覆冰观测员名录及联系方式、线路覆冰厚度危险等级评估。其次，加强对重冰区域输电线运行维护和监测。在冬季到来之前，充分做好线路过冬各项准备工作，特别对特高危杆塔做好抢修的各项准备工作；进入冬季后，随时随地掌握天气动态，密切观察和巡视，做好紧急抢修各项工作，将事故控制在极小范围内，减少损失。

（6）加强输电导线微风振动和舞动基础理论的研究。微风振动和舞动对导地线损断不可忽视，必须加大这方面基础理论研究，并根据研究结果制订相应的措施。

（7）重冰区域杆塔采用高强度钢制造，在重冰区域，采用高强度钢制造的杆塔能经受住过荷载考验。近年来，我国 750 kV 官厅—兰州东段输电线路成功采用了 Q420（屈服强度 420 MPa）高强钢。该钢材具有良好抗冷裂、再热裂和层状撕裂性能，又有良好加工工艺性，特别适合作为重冰区域输电线路杆塔制造钢材。江苏省电力设计院对 500kV 输电线路设计中对 Q420 与 Q345 钢做比较结论为：塔重下降 3%～6%，有效省材 5%～8%，节约造价 2%～6%，同等截面屈服强度提高 22%。考虑杆塔承载力特点和实际情况，受主要荷载主材采用 Q420，其余辅材用 Q345 经济性更理想。在主导风区域内，杆塔宜采用高强度钢管制造，因其管形受力清晰，阻力小。

（8）减轻重冰区域杆塔荷载是防止杆塔在覆冰时倒塌的重要措施。减轻荷载主要有以下两种方法：

1）采用高强度、大容量、自重轻的导线。如钢芯软铝绞线（Aluminum Conductor Coated Steel，ACSS）、碳纤维芯复合绞线（Aluminum Conduotor Composite Core，ACCC）、扩径导线和倍容量导线等。

2）采用高强度、耐低温的新型合成绝缘子，进一步改进重冰区输电线路使用金具，增大强度、减轻重量。

（9）推广应用除冰技术，研制除冰机械。除冰技术可分为自身融冰和机械除冰。

自身融冰措施主要有增大负荷电流融冰、采用交流短电流融冰、采用直流电流融冰。采用这些措施时，需要增加直流调压装置，如激光器、电脉冲等，主要适用于 500 kV 以下线路，但 500kV 线路自身融冰仍是世界级难题。

机械除冰措施主要有滑车式除冰器、牵引车式除冰器、遥控式除冰器等。机械除冰主要须解决除冰刀具随调性技术。

对倒塔气象的监测分析以及防倒塔措施的积极应用为保障电网安全稳定运行提供了强有力的支撑，有效减小了气象因素等对电力设备倒塔的影响。

3.4 气象与污闪的关系

随着工业的发展，电网容量的增大和额定电压等级的升高，电力系统输变电设备外绝缘的污闪事故日益突出。据不完全统计，1971 ~ 1980 年我国输电线路发生的污闪事故有 1126 次，变电设备的事故有 761 次；到了 1981 ~ 1990 年，输电线路的污闪事故达 1907 次，变电设备事故达 695 次，总的来讲，污闪事故次数比 1971 ~ 1980 年有所增加。

3.4.1 污闪的危害

污闪事故造成的损失非常巨大。据统计，污闪事故在我国造成的电量损失约为雷电事故的 9.3 倍，而在国外约为 8 倍多。一般污闪事故引起的停电事故可损失几十万至几百万千瓦时的电量，长时间、大面积的停电事故所造成的损失可达千万千瓦时，而由污闪事故造成的突然长时间停电对国民经济造成的间接损失就更是无法估计的。

20 世纪 90 年代，跨地区、跨省市的大面积污闪也开始出现，给国民经济带来的损失越来越大。跨省市的大面积污闪，特别是 500kV 线路的大量跳闸，引起了电力部门的高度重视，曾投入大量人力物力解决输变电设备的污闪问题，也收到了相当大的效果，供电系统的污闪跳闸率和事故率在几年内连续下降。但是，到了 1996 年末至 1997 年初，全国性的大面积污闪再度发生。使我们再一次认识到大面积的严重性和抗污闪工作的长期性和艰巨性。

3.4.2 设备污闪形成的气象原因

污闪发生的两大决定因素为积污和受潮，在某地区发生污闪的输电线路附近建设数座数字化气象站，并安装在线收集装置，检测污闪发生时的气象环境数据，表 3-9 整理统计了 2002～2014 年间该地区某检修公司负责运行维护的交直流特 / 超高压典型线路，即交流 500kV/1000kV 和直流 ±500kV/±800kV 输电线路的污闪情况。

表 3-9 该地区电网特 / 超高压输电线路污闪事故统计

序号	线路	时间	降雨量（mm）	相对湿度	能见度（m）	风速（m/s）	气温（℃）	故障原因
1	±500kV 葛南线	2002 年 1 月 14 日	2.1	85%	150	1.6	2.1	沙化地区，植被较差
2	±500kV 龙政线	2005 年 1 月 16 日	0	89%	150	0.8	3.6	化工污秽严重
3	±500kV 江城线	2005 年 12 月 29 日	0	85%	300	0.6	−3.4	干燥无雨，积污严重
4	±500kV 江城线	2006 年 1 月 16 日	0	90%	350	1.3	−4.2	干燥无雨，积污严重
5	±500kV 龙政线	2006 年 1 月 16 日	0	88%	100	0.8	−2.7	化工污秽严重

续表

序号	线路	时间	降雨量（mm）	相对湿度	能见度（m）	风速（m/s）	气温（℃）	故障原因
6	±500kV 龙斗三回	2008 年 2 月 4 日	1.4	90%	400	1.2	1.6	周边厂矿企业影响
7	±500kV 龙斗三回	2008 年 2 月 22 日	0	90%	350	0.9	3.2	周边厂矿企业影响
8	500kV 双玉二回	2014 年 1 月 30 日	0	86%	150	0.5	–2.8	绝缘配置安全裕度低
9	±500kV 宜华线	2011 年 3 月 14 日	0	87%	300	1.3	5.6	直流线路集污效应
10	±500kV 葛南线	2007 年 1 月	0	88%	300	1.8	–1.2	绝缘配置水平较低

由表 3–9 数据可以发现，输电线路的污闪绝大部分发生在浓雾、大雾或小雨这类潮湿天气，而在形成冲刷的大雨等天气下很少有污闪事故的发生。此外，发生污闪的原因也基本上都是绝缘子污秽受潮严重或绝缘配置水平较低，而绝缘子上的污秽也主要来自自身的积累和周围工业等污染源污染。

如 2008 年初 500kV 龙斗三回连续发生两次跳闸事故，具体原因在于线路所经过的地区长期受到高速公路、石膏矿、高科技工业园区的厂矿企业的影响，线路沿线污秽严重。尤其是 168 ~ 183 号地段，在 2006 年 12 月此段盐密值测量为 0.22mg/cm^2，已达到三级污秽区上限值。加上 2008 年初受暴风雪天气影响，冰雪中夹杂着空气中大量粉尘附着在绝缘子表面，当天气转晴后，冰雪融化后而雪中的大量粉尘却覆在了绝缘子串表面上，加速了绝缘子串的积污速率。在出现大雾天气后，空气湿度达到 90%，雾对污闪事故的影响非常大，因为雾中所含水分较雨水而言相对轻微，无法对绝缘子的污层产生冲刷作用，但又能充分湿润绝缘子上下表面，且持续时间较长。由于严重污秽，在大雾的充分湿润下，局部泄漏电流不断增加，最终延伸发展至沿面闪络放电，造成电力事故。

冬季除了雾霾等气候原因容易使绝缘子受潮发生污闪，也易受到华北、西北沙尘污染传输影响，使得本地内空气质量下降，大颗粒物增多，超过正常空气自洁净水平。冬季是西北地区采暖的高峰，人为煤炭排放量增大，导致有害气体增加，而西北地区污染容易与本地污染叠加，形成重污染天气。同时，一二月春节期间，烟花爆竹集中燃放也会导致空气中大颗粒物增加，污染物扩散不及时，附着在线路上，导致绝缘子上的污秽大大增加，形成污染层。所以降水以小雨、毛毛雨等雨雪天气为主时，污层将被水分所湿润，为污闪的发生创造了有利条件。故输电线路的污闪事故主要发生于其间，这也验证了污闪发生的两大决定因素，即积污和受潮。

通过对污闪事故发生的详细资料，归纳整理出污闪发生的一般规律，结合诱发污闪发生的天气现象和气象因素，综合在不同气象条件下污闪发生的可能性大小，给出污闪发生级别的综合预测标准，从而判定预测电力污闪发生的气象指数，并提出必要安全预防措施。结果表明：当气温为15.6℃、相对湿度为45%、风速为4.8 m/s时，天气晴朗，不会发生污闪；在相对湿度≥80%、风速≤2.0 m/s时，气温为–7.5 ~ 7.5℃时会出现雾，气温为–4.5 ~ 4.5℃时会出现积雪或结冰，极易发生污闪；在相对湿度≥80%；风速≤2.0 m/s时，气温为–4.5 ~ 4.5℃时会出现液态、混合或固态降水、轻雾，容易发生污闪。

3.4.3 防污闪措施

通过对绝缘子污闪规律的分析与统计，做好地区范围内污秽等级的监测工作，并绘制污秽区分布图，对现有设备进行外绝缘的爬距调整。凡新建线路、变电站均按批准的污秽区分布图分级配置外绝缘。做好污闪事故的统计、调查、分析工作，严格按照《电业生产事故调查规程》之规定进行调查，特别要对事故当时的气象、温度、湿度等环境要素填报清楚，以便经过统计分析进一步认识污闪的自然规律和诱发的环境要素。另外，进行长年的清除绝缘子表面污秽是防止污闪的最有效措施，要坚持行之有效的带电冲洗作业。可以使用硅油、硅脂等涂料来清洗污秽，并合理调节外绝缘的爬电比距等。

（1）短效硅油。每年春、秋两季对室外电气设备进行停检清扫后，将以前的硅油擦掉，再重新涂上一遍。由于硅油有一定的绝缘度和憎水性，因此它起到一定的防污闪作用；但因为硅油的有效期短，只有半年左右，且其为非固化状态，容易粘附灰尘，进而在雨雾天气形成污闪，甚至更为严重。

（2）合理调爬。调爬是指增加电气设备外绝缘的爬电距离，提高绝缘水平。如增加污秽地区的绝缘子片数，或采用防尘绝缘子、玻璃绝缘子加合成绝缘子等。运行经验表明，在严重污秽地段，采用新型绝缘子串，防污效果较好，但这种产品只适用于输电线路。另外，增加绝缘子串的调爬方法涉及带电导线对杆塔的最小空气间隙调整、带电导线对下横担距离调整、调爬后的风偏校验等问题。

通过对绝缘子污闪规律的分析与统计，当地部门根据污闪发生的原因进行针对性地开展预防措施，即通过对绝缘设备的实时监测，来判断线路的污闪风险，并及时采取有效措施，改计划检修为状态检修从而有效地降低污闪发生的概率。

3.5 气象与电网负荷的关系

我国幅员辽阔，跨越热带、北温带双热量带，气候带包括热带季风、亚热带季风、温带季风、高原山地、温带大陆性气候五种，沿海地区以季风气候为主，雨热同期的地域范围广，多数地区四季气象变化显著。在我国南方地区，一方面亚热带季候区的温度常年处于较高水平，调温负荷的基数随着经济增长不断上升，气象敏感负荷的比重增大构成了用电峰荷，拉大了电网的峰谷差，电力负荷随气象变化的规律变得复杂而难以捉摸，预测精度愈发不能满足电网对负荷精细化管理的需求；另一方面，季风气候具有降雨多的特点，结合我国水资源丰富，地方径流式小水电装机容量逐年上升的趋势，突发性、不可预测性降水也给负荷预测增加了难度。随着电力电子技术在电力系统运用的成熟及气象观测业务不断发展，负荷随气象变化的规律性暗含在历史气象负荷大数据中，挖掘历史大数据中的有用信息，总结规律，建立在复杂气候下能真实反映负荷变化规律的预测模型，是实现电力负荷精细化管理的必经之路。

3.5.1 电网负荷异常形成的气象原因

电力负荷在不同季节所表现出的负荷特性各有差异，但在相同季节且气象条件接近的情况下，短期负荷具有较强的相似特征，但以上分析均建立在气象变化平缓的时间段，当遇到短期内气象发生复杂变化时，负荷曲线将表现出非常规的特性，如温度累积、滞后效应，冷锋暖锋交替时出现的连续降雨、强降雨，抑或久雨初晴等多种类型天气条件交叉影响时，负荷的变化形式不尽相同，预测的难度也随之增长：一方面受限于气象的不可预测性，另一方面综合气象因素的影响使得短期内电力负荷的变化“不合常理”，这也正是当前短期负荷预测所要面临并亟待解决的难题。下面对温度累积效应、降雨效应以及突变气象影响下的负荷曲线特性进行分析。

3.5.1.1 温度的累积效应对负荷的影响

调温负荷的一般变化规律是，高温季节负荷随着温度升高而上升，低温季节则随温度的升高而下降。随着调温在电力负荷中占比增加，其规律性也反映了负荷的变化情况。而电力负荷的累积效应是指，在持续高温（低温）天气状况下或者气温突增（突降），负荷出现的反季节规律的变化现象，如持续高温或低温时的负荷下降。

若某地区在一段时间内处于高温少雨的状态，该地区的负荷将会在该时间段内处于较高水平，在这种情况下，即使温度有所下降或者突然降雨，负荷跟随气象条件的变化将出现不明显下降，甚至可能不降反升；或者当某地区持续处于温度适宜的凉爽天气，即使短期内温度突然上升到较高的水平，负荷上升也不明显。这种前若干日的温度水平累积作用于待预测日的现象，即为典型的温度累积效应。

该效应产生的原因是，气象变化主要是通过人对电器的作用而影响负荷的，人体感官对温度变化需要一个适应的过程，因而导致负荷滞后于气温的变化而改变。随着调温负荷的攀升，累积效应在负荷预测中体现的愈发突出，具体表现为夏季持续高温情况下的热累积效应和冬季持续低温情况下的冷累积效应。

3.5.1.2 降雨对负荷的影响

降雨一般给负荷带来负面影响，一方面降雨会使小水电富集区的径流量增加，进而促进小水电站多发电并给小水电富集区居民提供更为廉价的电力供应，导致地区性的网供负荷下降。另一方面，降雨在短期内还会使得温度下降，在夏季则间接导致降温负荷减少，在冬季会促使取暖负荷增加。而我国南方地区属于亚热带，常年高温多雨，降雨覆盖的天数占全年天数的 70% 以上。由此可见，提高短期负荷预测精度必须研究雨季负荷的规律性。图 3–2 给出了南方某地区 2014 年夏季有无降雨及不同等级的降雨条件下负荷曲线的变化情况，其中 6 月 4 日当天午后开始降暴雨，5 日连续暴雨；7 月 8 日为小雨，7 月 31 日天气为晴天，作为雨天的对比样本。

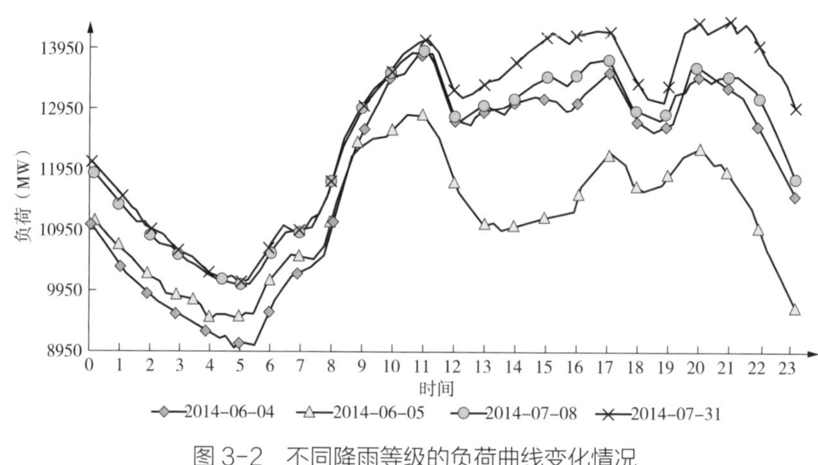

图 3-2 不同降雨等级的负荷曲线变化情况

从图 3-2 可以看出，不同降雨情况下负荷曲线的形状存在明显差别。无降雨时负荷曲线总体呈上升趋势，早峰、腰荷、晚峰依次升高；降雨量较低时腰荷与晚峰出现下降，若是降雨发生在午后，则早峰依旧处于较高水平；随着降雨量增加负荷曲线的下降程度愈发显著，且连续降雨对次日负荷水平的影响甚巨，由图可见，2014 年 6 月 5 日的最大负荷相对于 6 月 4 日下降了 1000MW 左右。结合该地区小水电多为径流式，调节能力弱的特点可知，有降雨时小水电的出力集中在傍晚至夜间时段，而持续降雨时小水电基本保持全天满发，因此连续降雨使得次日负荷水平急速下降，同时也证明了降雨对小水电出力以及日负荷曲线存在重要影响。

3.5.1.3 突变气象对负荷的影响

日负荷曲线与气象的季节性密切相关，但当气象发生突变时负荷曲线也会跟随气象突变。突变气象一般通过气象台发布预警信息传达，同样以该南方地区的气象突变为例，2015 年 8 月 13 日，该地区 14 市 102 区县在上午 10 ~ 12 时共收到气象台发布的 47 次预警信号，其中包含暴雨预警 36 次，31 次为暴雨橙色预警，预计未来 3 ~ 6h 内将出现 50 ~ 100mm 的强降雨，该日负荷曲线如图 3-3 所示。由图 3-3 可见，该日的相似日曲线晚峰段处于较高水平，这与该预测日前若干日处于高温状态的气象情况有关，图中 day-1、day-2 分别表示该预测目前一日、前两日的实际负荷曲线，受高温影响，其晚峰段负荷水平均处于较高的点位，因此传统的相似日选择方法无法应对气象突变对曲线的影响，一方面受制于预测气象的准确性，日前预测掌握的信息量有限，很难达到精准预测的要求；另一方面气象存在随时突变性，日前预测难以应对，但可根据当日实时信息进行校正。

预警信号是对突发气象灾害的预报，主要反映气象等自然灾害的突变情况，一般为预计未来 3 、6 、12h 或 24h 的气象灾害，目的是让公众做好防范准备。预警信号一方面是对生产生活的灾害警示，另一方面，对于短期负荷预测而言，其通过实时更新的气象数据纠正了日前预测气象的偏差，从气象台预警信号发布时间可以预估当日气象突变的时间区间，并迅速做出调整。

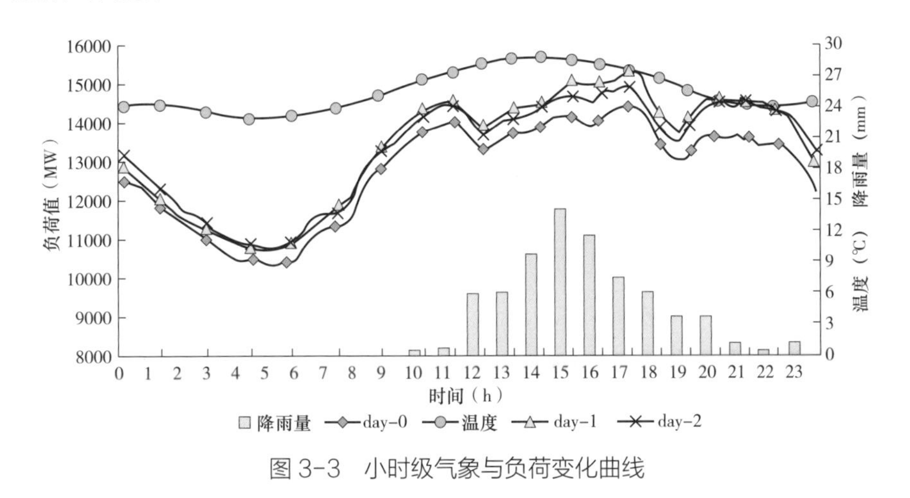

图 3-3 小时级气象与负荷变化曲线

3.5.2 成效总结

通过对负荷曲线的基本特性进行了分析，重点介绍了日周期特性。研究了复杂气象条件对负荷曲线的影响，包括累积效应、降雨效应以及突变气象等。分析表明，复杂气象条件会影响曲线的常规变化趋势，使其偏离正常负荷水平或发生形状突变。为消除短期内负荷的经济波动，采用标幺化技术对负荷数据进行了标准化处理。为全面考量对负荷的影响，引入了实感温度、温湿指数、寒湿指数、人体舒适度这四类综合气象指标。考虑到气象的多地域特性，提出了地区加权综合气象指数的概念，对地域范围较广的研究区域内的气象指标进行评估。为研究仅在气象条件影响下负荷的变化规律，提出了针对不同季节的数据筛选规则。

通过对电力负荷与各季节气象的相关性分析，得到了与负荷强相关的气象因素，从而有效地预测了气象因素对电网负荷影响程度。

3.6 雷电与电力设备的关系

雷电被联合国列为“最严重的十种自然灾害之一”，它对电网的损毁性影响尤其突出。长期以来，我国电力系统高度重视防雷技术研究，并在电网规划设计、运行维护、技术改造等环节，严格落实防雷技术措施，积极推广新技术，有效提高了电网防雷水平。

3.6.1 雷电的发生

雷电主要发生在大气圈的对流层，该层贴近地面，在赤道附近厚度大约 17 ~ 18km，在极地的厚度大约 8 ~ 9km。对流层的重要特点是“下热上冷”，高度每增加 100m，温度降低约 3℃，此时对流层的层顶温度非常低。由于上下温差的存在，导致地面湿热空气和杂质通过对流运动向上层输送，并在高处遇冷凝结形成云。同时，地球低纬度区域（比如赤道附近）与高纬度区域有较大温差，在水平方向空气也在移动、扩散、变化。实际上，影响对流层空气变化的因素非常多（包括地理地貌），因此，对流层中云团的形成、发展、变化等过程极其复杂。雷雨季节，在对流层空气不断急剧变化过程中，导致许多云团中聚集了不同极性的电荷，这种带有电荷的云团即雷云。不同极性带电云团在空中相遇放电时就出现空中闪电现象，亦称为“云闪”；带电云团对地放电，雷电荷泄入大地，即所谓“地闪”。雷云放电在极短时间完成，因此可导致巨大的雷电流、强电磁场、高电压或高温，具有极大的破坏性。雷雨季节无以数计的带电云团存在于浩渺的大气对流层，对它们的生成、发展、移动路径等进行监测预警，是非常困难的。目前，雷电定位系统可以较为准确的判断易发生的雷电的坐标位置。

3.6.2 雷电的时空分布

我国地处温带和亚热带地区，雷暴活动十分频繁，从我国的雷电活动情况及雷电的地区分布来看，很多省市属于多雷区，全国有 21 个省会城市，最多雷暴日均在 50 天以上。最多的达到了 134 天。在空间分布上，我国的雷电活动分布具有明显的区域性，总体呈现南多北少的特征，主要区域集中分布在三条带上，东南沿海带（包括福建、江西南部、湖南东南部、广东、广西东部、海南北部），西南带（包括云南中南部、贵州南部、重庆大部）和东部沿海带（包括辽宁西南部、天津、山东东部、江苏、浙江）。在我国的东南地区，如广东省和广西壮族自治区，平均年雷暴日可达 90 ~ 120 天，雷暴小时数可达 400 ~ 600 h；长江两岸雷暴日为 40 天左右，雷暴小时数可达 150 ~ 200 h；在我国北方地区，如黑龙江、吉林、辽宁、河北、山东、山西、河南等省的大部分地区和陕西、内蒙古自治区的大部分地区，雷暴日一般为 20 ~ 50 天，雷暴小时数为 50 ~ 200 h，在戈壁、沙漠地带或盆地，一般雷暴日低于 20 天，雷暴小时低于 50 h，有的地方甚至不到 10 天，雷暴小时低于 25 h。不过要注意的是，在中国的西部地区，如青藏高原的北缘和东缘由于地势较高，地形的起伏较大，地形的抬升使得雷暴易于形成，因此，平均年雷暴日普遍高于同纬度的其他地区，一般可达 50 ~ 80 天，雷暴小时数可达 50 ~ 200 h，局部地区甚至更大。因此，可以从总体上归纳，我国30年平均的雷暴日空间分布可大致分为四个区域：东南及华南高值区，高原及邻近地区的次高值区，华北、华中及西北东部的次低值区和西北地区的雷暴最低值区。

3.6.3 雷电灾害对电网的损毁性

庞大的电网常年暴露于旷野，雷雨季节的落雷无以数计，电网设备势必频遭雷电的侵扰，雷害是电网最为频发的灾害。不过，从电网防灾减灾的角度分析，一次雷电故障的影响范围相对比较有限，多数情况下损失也较小，而地震、严重冰雪灾害则截然不同。雷电损毁电网设备的直接原因是巨大的雷电流或雷电过电压，分为以下几种：

（1）雷击变电站设备，则雷电荷经设备进入大地，大电流、高电压可导致设备绝缘功能失效，系统对地短路，严重时甚至使设备内部绝缘材料永久性损毁，造成巨大经济损失。

（2）雷击输电线路导线（直击、绕击），则雷电流沿导线向两端传播，线路过电压取决于雷电流幅值和线路波阻抗，过电压超过线路外绝缘水平则导致系统对地短路。此外，如果变电站附近线路遭雷击，也有可能发生雷电流侵入损毁变电站设备的情况。

（3）雷击杆塔或避雷线，则雷电荷经杆塔入地，雷电过电压与杆塔接地电阻有关，过电压超过线路绝缘水平时则发生“反击”，也发生系统对地短路的情况。

（4）感应雷电过电压和入侵波，对变电设备和二次设备有一定影响。

（5）雷电流经接地网入地时，地网电位升高。如果计算机等电子设备与地网的连接方式不合理，就可能导致很大的雷电电位差作用其上，导致损毁事故。

3.6.4 防雷措施——雷电定位系统

雷电很大程度上与大气中云团移动有关，云团移动路径受各种随机因素影响，雷击点有一定的不确定性。20 世纪 80 年代末，我国成功研制出雷电定位系统。目前我国已经在 30 个省（自治区、直辖市）建立了雷电定位系统，并实现了联网，形成了覆盖全国电网的雷电监测网。雷电监测网已有雷电探测站 350 个，是一个全自动、大面积、高精度、实时的雷电监测网络，能实时遥测并显示云对地放电（地闪）的时间、位置、雷电流幅值和极性、回击次数以及每次回击的参数。雷电监测网能在全国范围内实时监测雷电活动，掌握和记录雷电活动特征。雷电监测网在雷击故障点快速定位、雷击事故鉴别、雷电参数统计、防雷水平评估和雷电预警 5 个方面发挥了极为重要的作用。在防雷措施改造方面，电网已采用了多种形式的防雷措施和装置，如减小避雷线保护角、加装避雷器、降低杆塔接地电阻等，同时也开发了一些防雷新技术，如避雷线水平侧针、可控放电避雷针等。但是，在雷击机理、雷电综合监测、雷电基础参数、防雷措施评价方法、电网防雷技术体系等方面，研究力量仍十分薄弱。在防雷设计与分析方面，已制定出用于指导实际工程的行业规程，并不断研究和采用新的计算分析方法，如计算反击的行波法、蒙特卡洛法、故障树法等以及计算绕击的电气几何模型、先导发展模型等。但是，在雷击机理和雷电基础参数方面还没有取得突破性成果。此外，应该加强对各种防雷技术措施实际效果的评估研究。

通过对电力设备雷害的监测分析以及防雷害措施的积极应用，有效地减小了电力设备风害的影响程度。

3.7 风害与电力设备的关系

风害的主要形式是风偏跳闸，这是输电线路风害的最常见类型，主要是指导线在风的作用下发生偏摆后由于电气间隙距离不足导致放电跳闸。

3.7.1 风偏跳闸的发生与类型

风偏跳闸是在工作电压下发生的，重合成功率较低，严重影响供电可靠性。若同一输电通道内多条线路同时发生风偏跳闸，则会破坏系统稳定性，严重时造成电网大面积停电事故。除跳闸和停运外，导线风偏还会对金具和导线产生损伤，影响线路的安全运行。从放电路径来看，风偏跳闸的主要有导线对杆塔构件放电、导地线线间放电和导线对周围物体放电三种类型。其共同特点是导线或导线金具烧伤痕迹明显，绝缘子不被烧伤或仅导线侧 1~2 片绝缘子轻微烧伤；杆塔放电点多有明显电弧烧痕，放电路径清晰。

3.7.2 电力设备跳闸的原因

经检测表明，线路发生塔身风偏跳闸主要有两种形式，一类为线路直线塔边相导线对塔身放电，通常出现在 500 kV 线路的酒杯塔型中；另一类为线路耐张塔中相或边相引流对塔身放电，通常出现在 220kV 线路的 YJ23 等羊角塔型和 500 kV 线路的 GJ 等干型塔型。在满足设计要求的情况下，对风偏角少和最小净空距离校核，线路仍发生跳闸有下述几方面原因。

（1）微地形、微气象特征显著，部分区段实际设计裕度不足。线路最大设计风速应按沿线附近气象站的最大风速统计值选取，一般 220 kV 线路不应低于 25 m/s，500 kV 线路不应低于 30 m/s。但在实际线路设计时，从建设成本方面综合考虑，同时考虑防雷电气间隙对风偏角的不敏感性，以及操作过电压持续时间较短的因素，通常取 50% 最大风速，即不低于 25 m/s。以贵州为例，对于贵州山区，线路处于风口等微地形的区段较多，微气象环境的影响突出，当现场实际风速超过设计值，引起绝缘子串偏移使实际风偏角大于设计值，将导致最小距离不满足要求，跳闸就会发生。

（2）不平衡张力影响绝缘子串偏移。根据绝缘子串风偏状态图所示，绝缘子串位于最大风偏角时，其垂直荷载和水平荷载受力平衡，但在线路实际运行过程中，气象条件常异于正常情况（如气温或外荷载改变），由于档距内或高差不一或各档外荷载不均匀等（如冰、风等），将引起线路各档应力不相同，出现不平衡张力，从而引起导线连续不规则摆动。当绝缘子串随导线偏移，达到最大风偏角时，加速度为零，但仍有向塔身靠近的速度，将引起直线塔悬垂串或耐张塔引流串继续偏移，其位置的角度超过最大风偏角，形成小于最小净空距离的。

（3）风压不均匀系数不合理。风压不均匀系数代表多种因素在输电线路风载荷降低的综合效果，主要是体现风速在大档距导线上分布的不均匀性，即任一时刻风速在导线上分布的不同性。该数值越小，输电线路等效风载荷越小，设计的杆塔塔头越小。其不合理性主要体现两方面：①在目前线路设计中，一般在风压不低于 15 m/s 时取 0.61，实际上在风速从 20 m/s 到 36 m/s 变化时，风压不均匀系数仍然会不断降低；②风压不均匀系数为风速和档距两个主要因素作用的结果。

（4）电场的影响。风偏现象发生时，绝缘子串下端向杆塔靠近，造成空气间隙减小，在导线金具和杆塔构件（如脚钉、防震锤等）附近容易出现局部高场强，使绝缘子串在没有超过最大允许风偏角时即发生放电现象。同时第一次放电发生后，若风偏现象没有减弱，自动重合时极易造成第二次放电。

（5）导线边相对偏坡放电。以贵州为例，电网输电线路 80% 以上均为山地、丘陵，线路杆塔多数位于山顶和山腰，多档导线横跨山谷时，线路边相导线因大风向外侧偏移时，导线与山坡距离缩小，当边相导线在最大风偏时与偏坡最小净空距离不满足要求，会引起线路跳闸，目前 61% 的风偏跳闸是属于此类。

对偏坡放电主要有以下几方面原因。

1）在微地形微气象环境下，风速大于设计最大值，将导致导线长度不满足设计规范引起线路跳闸。其次，设计计算导线长度时，通常未考虑偏坡表面的附着物，但是在野外山坡，通常杂草、灌木丛生，导线向偏坡偏移时，与附着物的净空距离已不满足要求，也会造成线路跳闸，而且由于附着物具有凹凸不平、棱角分明的特点，受线路电磁场影响，其尖端会引起电场畸变，更易引起线路跳闸。

2）风害具有短时间持续的特点，此时导线对偏坡的风偏现象没有减弱，极易造成第二次放电。根据设计规范要求，220 kV 线路不小于 5.5m、500 kV 线路不小于 8.5m，在贵州微地形区域，档距约 400m 的 220 kV 线路导线因风害向外侧山坡偏移 12m 导致跳闸，而档距约 600 m 的 500kV 线路则偏 18m，导致跳闸。

3.7.3　防风偏跳闸措施

通过气象数据对电力设备防风害的分析，针对风偏跳闸进行整治，相关专家主要对 30° 及以上的大转角杆塔和大档距线路提出了改造建议。

3.7.3.1　对塔身放电的风偏防治措施

线路塔身风偏跳闸主要发生在羊角、干型塔和酒杯塔。风偏跳闸主要发生在 220 kV 线路 YJ 型羊角塔、500 kV 线路 JG 型干型塔和 ZB 型酒杯塔。对于 220 kV 羊角型杆塔，故障主要由中、边相引流对塔身放电造成；对于 500 kV 干型塔，故障主要由边相引流对塔身放电造成；对于 500 kV 酒杯塔，故障主要由边相导线对塔身放电造成。从前面分析可知，受风速影响，绝缘子串风偏角过大导致线路和塔身距离不足是跳闸的根本原因，绝缘子串和导线的自身重力增加，将有效减少风偏角。对塔身放电的风偏防治措施主要有：

（1）加装重锤片。对于运行线路杆塔，主要用加装重锤片方式增加绝缘子串位置的重量。一般选择在导线与绝缘子串连接处加装重锤片，500 kV 线路在联板两侧各加 5 ~7 块，每块约 20 kg，220 kV 线路在联板处或连接点下侧加装 3 ~ 5 块重锤片，每块约 15 kg。

（2）改变绝缘子类型或加装引流绝缘子串。一般情况下 220 kV 和 500 kV 线路单支合成绝缘子重量为 10 kg 和 20 kg，而普通玻璃绝缘子串重量分别为 75 kg 和 200 kg 左右（贵州地区 220 kV 以 15 片考虑、500 kV 以 27 片考虑），均远远大于合成绝缘子重量。因此，增加绝缘子串位置的重量还可以通过改变绝缘子类型或增加引流串实现。在加装引流绝缘子串时应注意引流对塔身距离不小于 2.1 m。

（3）加强引流支撑管。为防止引流线弧垂过大对塔身放电，可加装线路引流支撑管目前从设计阶段开始使用，通常为 5m。但是目前发现实际运维中，安装 5m 引流支撑管的线路依然会发生跳闸，因此此地区会采取在引流支撑管中充注水泥的方式。该方式加大了引流重量，一定程度上防止风害发生，但水泥和支撑管的膨胀系数不一致，线路运行一段时间后，加速了支撑管的金属老化，造成支撑管破损断落，反而导致线路跳闸。

3.7.3.2 对偏坡放电的风偏防治措施

（1）清理线路通道。在设计最大风速下验算，500m 档距时，220 kV 及 500 kV 线路须清理不大于 12 m 和 11 m 处的附着物，但是 1000 m 档距时则须清理 55 m 和 45 m 处的附着物。当清理附着物满足要求时，应继续采取偏坡降方的方式。

（2）增加支撑塔或升塔。当无法通过清理线路通道保障线路安全时，可以通过升塔的方式进行改造，但是在原塔位进行升塔改造的施工周期长，影响线路运行可靠性，因此可采取在档距中间新增绝缘杆塔的方式减小大档距线路弧垂。为减小改造成本，提出一种适用于野外山区的方法（仅供参考）。通过在偏坡侧导线串接绝缘子串拉至地面，在地面做好绝缘措施，防止边相导线受大风影响向山坡偏移，如图 3-4 所示。

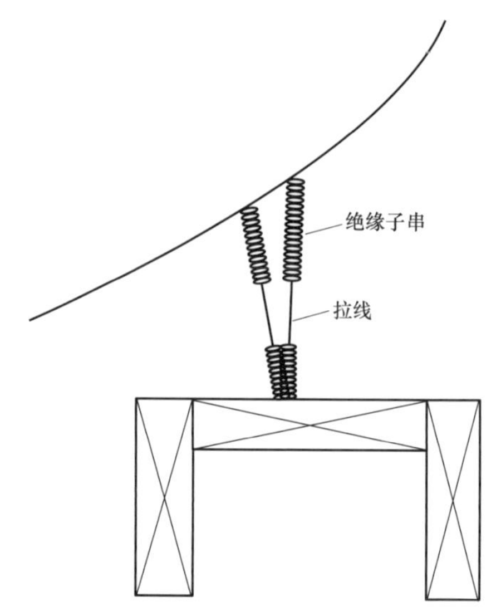

图 3-4　野外偏坡侧导线串接绝缘措施

输电线路防风偏治理是保证电网安全稳定运行的重要因素。应重点评估微地形环境下易发生风偏杆塔防风能力，根据杆塔形式采取增加引流支撑串、加长引流支撑管和增加重锤片等有效措施进行综合防风整治。提升线路防风能力应优先从设计着手，改进或减少 ZB51、YJ23 等易风偏杆塔的使用，提高处于风口等微地形区段杆塔校核风速，采取增塔、降方等措施减小强风地带档距和风偏范围。输电线路风偏跳闸因短时持续大风的特点，通常连续发生，导致线路重合闸不成功，运维单位应加强线路运维台账管理，完善运行数据，编制各条线路易风偏杆塔和区段，利用线路综合检修机会，集中优先完成防风综合整治工作。

4 气象与电网运行支撑体系构建

4.1 概述

随着电网信息化能力的不断提升，运营监测分析体系、电网服务能力日益完善，电网运行的风险评估、监测预警能力逐渐提高，但对于气象与电网运行数据的整合应用依然相对薄弱，需要一个强大、完善的体系来提供支撑。

4.1.1 体系构建的可行性

为支撑气象数据在电力业务中的深度应用，完善电力各部门对电网设备、电网运行可靠性的在线监测手段，并为调度运行、运维检修、客户服务、应急抢险等业务提供精准的数据支撑，减小突发恶劣天气对电网运行的影响范围，降低公司经济损失，提升供电稳定性，线上监控预警功能的实现势在必行，将气象数据和电力设备以图层的方式添加到电网 GIS 中，实现融合展示预警。

4.1.2 体系构建的目标

本体系构建目标是开发气象数据监测预警系统，通过开展基于电力设备与电网 GIS 的气象数据融合系统实施，搭建气象数据监测预警系统，丰富电网运营监测、灾害应急监测应用手段，为开展电网突发事件的监测分析、安全应急处置信息化建设提供技术支撑。通过对本体系构建实施主要实现以下三个目标：

（1）利用先进的计算机技术以及自动化管理等建立一个高效、稳定、方便快捷的电力气象预报预警系统，实现气象与电力之间的信息共享。

（2）增强电网对自然灾害的监测分析、预警能力，防范应对灾害性突发事件的应急处置能力，提升宁夏电网气象灾害监测等方面的信息化应用水平。

（3）为电网规划、基建、物资、抢修等业务应用提供统一气象数据应用平台。

4.1.3 体系构建的范围

体系构建包含业务范围、应用范围与开发范围。

业务范围：本体系构建涉及电网 GIS 平台地理信息数据、电网资源数据、多种气象灾害监测信息数据、应急处置过程中生产、营销、物资、运检、调控等支撑业务数据。

应用范围：调度、安监等系统使用对象为相关业务部门。

开发范围：体系构建完成融合平台基础建设，在宁夏电网 GIS 平台丰富的地理信息及电网资源数据基础上，集成多元气象数据及内部各业务部门应急处置中需要的业务数据。

4.1.4 体系构建思路

本体系构建基于电力设备与电网 GIS 的气象数据深度融合，分析电力设备、专业气象数据的跨业务部门间数据应用特点，利用大数据分析技术解决异构数据间存储及数据融合，提高数据应用高效性、专业性、稳定性，为基于电力设备与电网 GIS 的气象数据深度融合提供数据基础，为长期开展电网运营监测分析、灾害性突发事件应急处置提供数据监测及预警技术手段，使突发事件监测、预警、处置更加科学、合理、有效。

4.2 体系构建的具体内容

4.2.1 本体系涉及的气象数据范围

目前接入的气象数据包括25个气象监测站、35kV及以上变电站、特征杆塔的实时和预报数据以及全区各县气象局的预警数据，实时数据包括气温、湿度、1h降雨量、24h降雨量、风速、风向、风向度数和气压，预报数据包括时间段序号、时间段名称、天气情况、最高气温、最低气温、最高气温对应天气情况、最低气温对应天气情况、风向和风力，预警数据包括预警类型、预警级别、预警信息标题、预警信息正文、发布预警的单位、应对措施、预警生效时间和预警解除时间。

监测站实时数据和预报数据字段类型均为字符串格式，字段和字段解释如表4-1所示。

表4-1 监测站实时数据和预报数据字段及解释

powerlive（监测站实时数据）		powerprediction（监测站预报数据）	
字段	字段解释	字段	字段解释
id	记录唯一标识	id	记录唯一标识
releasetime	数据发布时间	releasetime	数据发布时间
name	监测站名称	name	监测站名称
code	监测站编码	code	监测站编码
snumber	监测站站号	snumber	监测站站号
airt	气温	sn	时间段序号
humidity	湿度	timeframe	时间段名称
hlyrainfall	1h降雨量	weather	天气情况
hrainfall	24h降雨量	airtb	气温A

续表

powerlive（监测站实时数据）		powerprediction（监测站预报数据）	
wspeed	风速	airta	气温 B
wdirection	风向	signb	气温 A 对应天气编号
wdirectiond	风向度数	signa	气温 B 对应天气编号
kpa	气压	wdirection	风向
createddate	插入数据库的时间	wpower	风力
		createddate	插入数据库的时间

变电站实时数据和变电站预报数据字段类型均为字符串格式，字段和字段解释如表 4-2 所示。

表 4-2　变电站实时和预报数据字段及其解释

power_reatime_sn（变电站实时数据）		power_forecast_sn（变电站预报数据）	
字段	字段解释	字段	字段解释
releasetime	数据发布时间	releasetime	数据发布时间
code	变电站设备编号	coed	变电站设备编号
name	变电站名称	name	变电站名称
airt	气温	sn	时间段序号
humidity	湿度	timeframe	时间段名称
rainfall1h	1h 降雨量	weathser	天气情况
rainfall24h	24h 降雨量	airta	气温 A
wspeed	风速	airtb	气温 B
wdirection	风向	signa	气温 A 对应天气编号
wdirectiond	风向度数（面向正北方向，向右转动的角度）	signb	气温 B 对应天气编号
kpa	气压	wdirection	风向
createddate	插入数据库的时间	wpower	风力
		createddate	插入数据库的时间

4.2.2 开发气象云数据 API

电力气象服务数据由气象云服务网以 Web API 方式提供，请求端每次请求 API 返回 Json 格式的数据。预计请求的气象云 API 有五个，分别为气象监测站实时数据 API、气象监测站预报数据 API、变电站实时数据 API、变电站预报数据 API 和全区预警数据 API。

4.2.3 气象数据接入到电力数据库

由于气象局的数据与电力的数据不能在同一个网段交互，气象局数据属于公网，电力数据属于电力内网，两者无法直接交互。外部气象数据的接入分为历史数据和增量数据，由于历史数据量很大，通过数据接口传输的方式会影响数据传输效率，造成两端服务器以及通道压力较大，因此历史数据可以直接从气象局端数据库导出，然后导入电力端数据库。增量数据为程序每 5min 请求气象云 API 获取并且解析 Json 数据，然后数据以 Sql 形式经过隔离装置到电力端内网数据库。气象数据分别接入到内网的 Oracle 和 Postgresql 数据库，两个数据库分别有五个相同的表和数据（见图 4-1）。

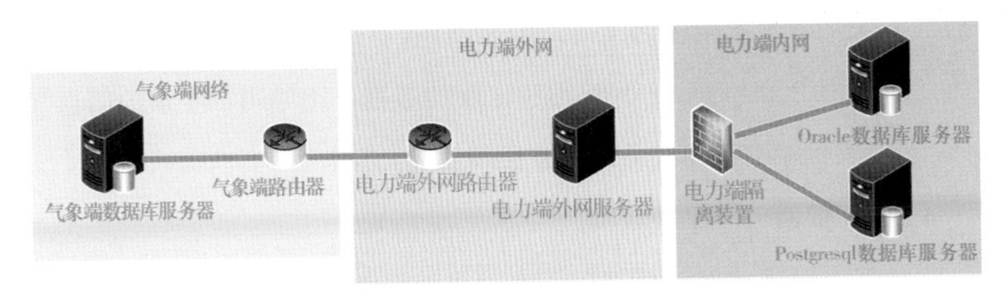

图 4-1 气象数据接入流程

4.2.4 技术框架

气象数据增量接入程序主要以 Python 的 Celery 框架和 Redis 数据库（提供消息服务）为主，其他 Python 库、包、模块为辅，程序每 5min 请求气象云 API 获取并且解析 Json 数据，然后数据以 Sql 形式经过隔离装置到电力端内网数据库。

4.2.4.1 Celery 框架

Celery 是实时处理和任务调度的分布式任务队列，同时提供操作和维护分布式系统所需的工具框架，所谓任务就是消息，消息中的有效载荷中包含要执行任务需要的全部数据。在电力端隔离装置中配置与 Oracle 和 Postgresql 数据库对应的外网数据库 URL，以此 URL 为目标插入 Sql 气象数据。程序通过 Urllib3 库请求气象云 API 并且进行数据解析，通过电力端隔离装置配置好的数据库 URL 将数据到插入到 URL 对应的 Oracle 和 Postgresql 数据库。Celery 框架定时每隔 5min 请求一次电力数据 API 将数据插入到电力端内网数据库。

4.2.4.2 Redis 数据库

在日常对数据库的访问中，读操作的次数远超写操作，比例大概在 1:9～3:7，所以需要读的可能性比写的可能大得多。当我们使用 Sql 语句去数据库进行读写操作时，数据库就会去磁盘把对应的数据索引取回来，这是一个相对较慢的过程。把数据放在 Redis 中，也就是直接放在内存之中，让服务端直接去读取内存中的数据，那么这样速度明显就会快不少，并且会极大地减小数据库的压力，但是使用内存进行数据存储开销也是比较大的，使用 Redis 存储一些常用和主要的数据，比如用户登录的信息等。Redis 在接入程序中起到消息和服务代理功能。

4.2.5 部署

气象接入程序 docker 化部署于电力端外网服务器。部署硬件需求如表 4-3 所示。

表 4-3 部署硬件需求

条目	数量	说明
外网服务器	1 台	Docker 运行环境所需
CPU	8	Docker 运行环境所需

续表

条目	数量	说明
内存	16G	Docker 运行环境所需
系统盘	100G	Docker 运行环境所需
系统	CentOS 7.5	Linux 系统环境

部署步骤为：

（1）开通电力端外网服务器访问气象云 API 的防火墙，使能够正常访问气象云数据 API。

（2）在电网端配置内网数据库与隔离装置的访问 URL、用户名、密码等信息。

（3）在电力端外网服务器上安装 Redis 数据库。

（4）在电力端外网服务器上安装 docker。

（5）以 Python 为基础镜像，安装 Celery、URllib3 等库。

（6）写好 Dockerfile 文件，使用上一步骤中的 Python 镜像为基础镜像，将气象接入程序 docker build 为镜像。

（7）镜像使用 Docker Run 运行起来，可以使用 Docker ps–a 命令查看运行状态，使用 Docker CONTAINERID logs 命令查看运行过程中的日志文件。

4.2.6 运维

气象接入程序部署于电力端外网服务器，运行维护时可查看部署服务器状态、Docker 容器运行状态以及电力端内网数据库数据质量和数量等。

（1）查看服务器性能参数，包括 CPU 利用率、磁盘空间、内存利用率、温度和风扇，还可以监控服务器的硬件状态。

（2）查看 Redis 数据库的运行状态，运行脚本发现 Redis 实例监听端口；测试端口 Redis 是否正常响应，如正常则返回实例信息；根据实例信息，添加监控项目；监控项目通过脚本获取监控数据。进入 Redis 查看 INFO

状态信息。Redis 自带的 redis-cli 名有一个 monitor 的选项，用于实时查看系统的操作。

（3）查看当前 docker 运行状态：docker stats；查看当前运行的容器：docker ps-a，接入程序是否正在运行状态；查看接入程序运行日志：docker CONTAINERID logs，接入程序运行过程中是否有报错及 bug。

（4）查看电力端内网 Oracle 和 Postgresql 数据库运行状态和数据。查看 Oracle 状态：命令行执行 ps -ef | grep oracle 或者在数据库中执行语句 select status from v$instance；查看 Postgresql 运行状态：命令行执行 service postgresql status、ps -ef | grep postgres 或者数据库执行语句 SELECT * FROM pg_stat_activity。

（5）查看数据库中数据是否是实时数据以及数据是否完整。

4.3 体系应用

4.3.1 气象数据格式化

气象数据接入到 Oracle 和 Postgresql 两个数据库中，其应用是基于 Postgresql 数据展开的，但气象数据由气象云接入到电力内网的过程中，由于其接入方式只允许 Sql 形式通过隔离装置，所以在传输过程中所有数据字段类型全部为字符串格式，且在 Postgresql 数据库中有大量的数据重复和冗余，为此将 Postgresql 中的气象数据实时格式化转存与增量到 MongoDB 数据库中。

气象数据从 Postgresql 到 MongoDB 中主要使用 Python Celery 框架、Pymongo、Psycopg2、Pandas（DataFrame）等，Psycopg2 主要是连接 Postgresql 数据库，从库中获取最新插入的气象数据，将数据使用 DataFrame 格式化之后插入 MongoDB。Pymongo 主要是连接 MongoDB。Celery 每隔 5min 执行一次

程序。图 4–2 展示了气象数据格式化的过程。

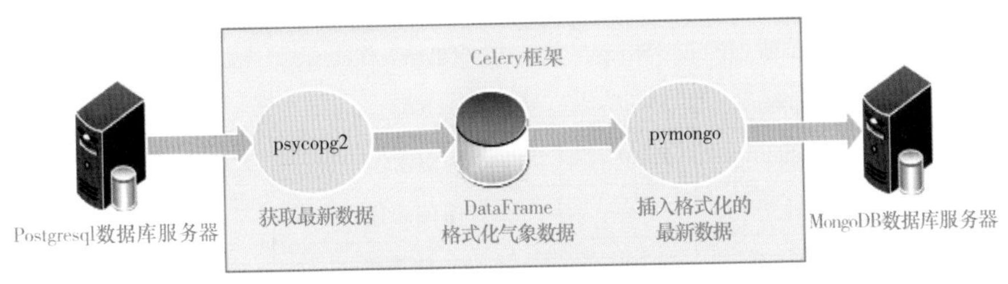

图 4–2　气象数据格式化

在 MongoDB 中创建变电站、气象局、气象监测站、监测站实时数据、监测站预报数据、变电站实时数据、变电站预报数据和全区预警数据等集合表。在所有表中字段类型中，有些字段内容为“–”，表示无此数据，可以将所有的“–”转化为 Null/None。在预报数据表中 signa 代表 airta 气温时的天气情况编号（编号是天气情况图片编号，一种天气情况对应一种图片），signb 代表 airtb 气温时的天气情况编号，将 airta 和 airtb 中较大的赋值给字段 qiwen_max，较小的赋值给字段 qiwen_min。比如：airta（2.8）和 airtb（–0.5），signa（1）和 signb（7），那么 qiwen_max 的值为 2.8 且 qw_max_tianqi 值为 1，qiwen_min 的值为 –0.5 且 qw_min_tianqi 值为 7。

以下是 Postgresq 数据库（Pg）格式化到 MongoDB 数据库（Mongo）所对应的数据表及字段，分别是变电站气象实时数据表、变电站气象预报数据表、气象监测站气象实时数据表、气象监测站气象预报数据表和气象局气象预警数据（见表 4–4 ~ 表 4–8）。

表 4–4　变电站气象实时数据表

Pg 库字段	Mongo 库字段	字段类型	字段含义	字段示例
releasetime	fabu_time	DateTime	数据发布时间	2019–03–02　06:00:00
code	shebei_code	String	变电站设备编号	“29M000075086”

续表

Pg 库字段	Mongo 库字段	字段类型	字段含义	字段示例
name	name	String	变电站名称	“甜水河 330kV 变电站”
airt	qiwen	Float/”–”	气温	3.0/null
humidity	shidu	Float/”–”	湿度	63.0/null
rainfall1h	jyl_1h	Float/”–”	1h 降雨量	0.0/null
Rainfall24h	jyl_24h	Float/”–”	24h 降雨量	0.0/null
wspeed	fengsu	Float/”–”	风速	3.0/null
wdirection	fengxiang	String/”–”	风向	“西西南”/null
wdirectiond	fengxiang_ds	String/”–”	风向度数（面向正北方向，向右转动的角度）	“244”/null
kpa	qiya	Float/”–”	气压	863.0/null
createddate	charu_time	DateTime	插入数据库的时间	2019–03–02　06:00:00

表 4–5　变电站气象预报数据表

Pg 库字段	Mongo 库字段	字段类型	字段含义	字段示例
releasetime	fabu_time	DateTime	数据发布时间	2019–03–02　06:00:00
code	shebei_code	String	变电站设备编号	“29M00030786”
name	name	String	变电站名称	“甜水河 330kV 变电站”
sn	shijianduan_xh	Int	时间段序号	1
timeframe	shijianduan	String	时间段名称	“今天上午”
weather	tianqi	String/”–”	天气情况	“晴间多云”/null
airtb	qiwen_max	Float/”–”	最大气温	20.5/null
airta	qiwen_min	Float/”–”	最小气温	2.5/null
signb	qw_max_tianqi	Int/”–”	最大气温对应天气情况编号（编号是天气情况图片编号，一种天气情况对应一种图片）	2/null
signa	qw_min_tianqi	Int/”–”	最小气温对应天气情况编号	3/null
wdirection	fengxiang	String/”–”	风向	“西北转西”/null
wpower	fengli	String/”–”	风力	“4 转 2”/null
createddate	charu_time	DateTime	插入数据库的时间	2019–03–02　06:00:00

表 4-6 气象监测站气象实时数据表

Pg 库字段	Mongo 库字段	字段类型	字段含义	字段示例
id	id	String	Id	“5cd3890abc37dad”
releasetime	fabu_time	DateTime	发布时间	2019-03-02 06:00:00
name	xld_mc	String	监测站名称	沙坡头
code	xld_bm	Int	监测站编码	640502
snumber	xld_zh	String	监测站站号	53704
airt	qiwen	Float/”–”	气温	3.0/null
humidity	shidu	Float/”–”	湿度	63.0/null
hlyrainfall	jyl_1h	Float/”–”	1h 降雨量	0.0/null
hrainfall	jyl_24h	Float/”–”	24h 降雨量	0.0/null
wspeed	fengsu	Float/”–”	风速	3.0/null
wdirection	fengxiang	String/”–”	风向	“西西南”/null
wdirectiond	fengxiang_ds	String/”–”	风向度数	“244”/null
kpa	qiya	Float/”–”	气压	863.0/null
createddate	charu_time	DateTime	插入数据库的时间	2019-03-02 06:00:00

表 4-7 气象监测站气象预报数据表

Pg 库字段	Mongo 库字段	字段类型	字段含义	字段示例
id	id	String	Id	“5cd38dfbabc37dad”
releasetime	fabu_time	DateTime	数据发布时间	2019-03-02 06:00:00
name	xld_mc	String	监测站名称	沙坡头
code	xld_bm	Int	监测站编码	640502
snumber	xld_zh	String	监测站站号	53704
sn	shijianduan_xh	Int	时间段序号	1
timeframe	shijianduan	String	时间段名称	“今天上午”
weather	tianqi	String/”–”	天气情况	“晴间多云”/null
airtb	qiwen_max	Float/”–”	最大气温	23.0/null
airta	qiwen_min	Float/”–”	最小气温	2.0/null

续表

Pg 库字段	Mongo 库字段	字段类型	字段含义	字段示例
signb	qw_max_tianqi	Int/"–"	最大气温对应天气情况编号	0/null
signa	qw_min_tianqi	Int/"–"	最小气温对应天气情况编号	2/null
wdirection	fengxiang	String/"–"	风向	"西北转西"/null
wpower	fengli	String/"–"	风力	"4 转 2"/null
createddate	charu_time	DateTime	插入数据库的时间	2019-03-02　06:00:00

表 4-8　气象局气象预警数据表

Pg 库字段	Mongo 库字段	字段类型	字段含义	字段示例
id	id	StringField	Id	"5cdadfbab7dad"
eventtype	leixing_bm	String	预警类型	"11B17"
eventtypec	leixing_mc	String	预警名称	"大雾"
level	jibie_mc	String	预警级别	"Orange"
title	xinxi_bt	String	预警信息标题	"泾源县气象局发布大雾橙色预警"
messagetext	xinxi_zw	String	预警信息正文	"20 时 05 分发布…"
units	danwei_mc	String	发布预警的单位	"泾源县气象局"
solutions	yingdui_cs	String/null	应对措施	String/null
effectivetime	shengxiao_time	DateTime	预警生效时间	2019-03-02　06:01:00
lifttime	jiechu_time	DateTime	预警解除时间	2019-03-02　08:00:00
createddate	charu_time	DateTime	插入数据库的时间	2019-03-02　08:05:00

4.3.2　实现手段

气象与电网运行支撑体系主要技术为 Django 的 REST。

4.3.2.1　Django

Django 是一个由 Python 编写的具有完整架站能力的开源 Web 框架。使用 Django 时，只需很少的代码，Python 的程序开发人员就可以轻松地完成一个正式网站所需要的大部分内容，并进一步开发出全功能的 Web 服务。Django 本身基于 MVC 模型，即 Model（模型）+View（视图）+ Controller（控制器）设计模式，因此天然具有 MVC 的出色基因：开发快捷、部署方便、可重用性高、维护成本低等。Python 加 Django 是快速开发、设计、部署网站的最佳组合。

Django 具有以下特点：

（1）功能完善、要素齐全：Django 提供了大量的特性和工具，无须程序开发人员自己定义、组合、增删及修改。

（2）使用便捷：经过十多年的发展和完善，Django 在网上有很多的介绍资料，当开发者遇到问题时可以搜索关键词，寻求解决方案。

（3）强大的数据库访问组件：Django 的 Model 层自带数据库 ORM 组件，使得开发者无须学习其他数据库访问技术（Sql、Pymysql、SqlALchemy等）。当然也可以不用 Django 自带的 ORM，而是使用其他访问技术，比如 SqlALchemy。

（4）灵活的 URL 映射：Django 使用正则表达式管理 URL 映射，灵活性高。

（5）丰富的 Template 模板语言：类似 jinjia 模板语言，不但原生功能丰富，还可以自定义模板标签。

（6）自带免费的后台管理系统：只需要通过简单的几行配置和代码就可以实现一个完整的后台数据管理控制平台。

（7）完整的错误信息提示：在开发调试过程中如果出现运行错误或者异常，Django 可以提供非常完整的错误信息帮助定位问题。

4.3.2.2　Restful API

REST 是 REpresentational State Transfer 的缩写（一般中文翻译为表现层状态转移），REST 是一种体系结构，而 HTTP 是一种包含了 REST 架构属性的协议，分为以下几个部分：

（1）资源（Resources）。REST 的名称“表现层状态转化”中，省略了主语。“表现层”其实指的是“资源”（Resources）的“表现层”。所谓“资源”，就是网络上的一个实体，或者说是网络上的一个具体信息。它可以是一段文本、一张图片、一首歌曲、一种服务，总之就是一个具体的实在。可以用一个 URI（统一资源定位符）指向它，每种资源对应一个特定的 URI。要获取这个资源，访问它的 URI 就可以，因此 URI 就成了每一个资源的地址或独一无二的识别符。所谓“上网”，就是与互联网上一系列的“资源”互动，调用它的 URI。

（2）表现层（Representation）。“资源”是一种信息实体，可以有多种外在表现形式。“资源”具体呈现出来的形式，称为“表现层”（Representation）。比如，文本可以用 txt 格式表现，也可以用 HTML 格式、XML 格式、JSON 格式表现，甚至可以采用二进制格式；图片可以用 JPG 格式表现，也可以用 PNG 格式表现。URI 只代表资源的实体，不代表它的形式。严格地说，有些网址最后的“.html”后缀名是不必要的，因为这个后缀名表示格式，属于“表现层”范畴，而 URI 应该只代表“资源”的位置。它的具体表现形式，应该在 HTTP 请求的头信息中用 Accept 和 Content-Type 字段指定，这两个字段才是对“表现层”的描述。

（3）状态转化（State Transfer）。访问一个网站，就代表了客户端和服务器的一个互动过程。在这个过程中，势必涉及数据和状态的变化。互联网通信协议 HTTP 协议是一个无状态协议。这意味着，所有的状态都保存在服务器端。因此，如果客户端想要操作服务器，必须通过某种手段，让服务器端发生“状态转化”（State Transfer）。而这种转化是建立在表现层之上的，所以就是“表现层状态转化”。

（4）客户端用到的手段，只能是 HTTP 协议。具体来说，就是 HTTP 协议里面，四个表示操作方式的动词：GET、POST、PUT、DELETE。

它们分别对应四种基本操作：GET 用来获取资源，POST 用来新建资源（也可以用于更新资源），PUT 用来更新资源，DELETE 用来删除资源。简单地说，REST 就是将资源的状态以适合客户端或服务端的形式从服务端转移到客户端（或者反过来）。在 REST 中，资源通过 URL 进行识别和定位，然后通过行为（即 HTTP 方法）来定义 REST 来完成怎样的功能。

图 4-3 为 Restful API 框架。

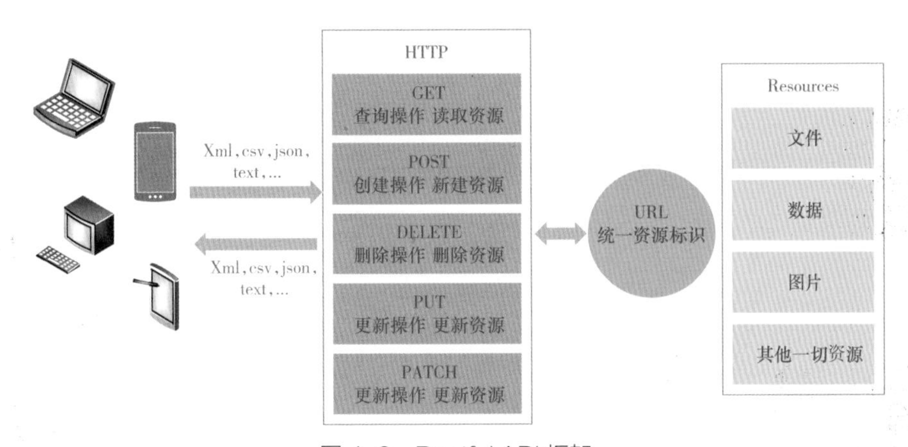

图 4-3 Restful API 框架

4.3.2.3 令牌

令牌（JSON Web Token，JWT）是一个开放标准（RFC 7519），它定义了一种紧凑且独立的方式，可以在各方之间作为 JSON 对象安全地传输信息。此信息可以通过数字签名进行验证和信任。JWT 可以使用秘密（使用 HMAC 算法）、RSA 或 ECDSA 的公钥 / 私钥对其进行签名。虽然 JWT 可以加密以在各方之间提供保密，但只将专注于签名令牌。签名令牌可以验证其中包含的声明的完整性，而加密令牌则隐藏其他方的声明。当使用公钥 / 私钥对签署令牌时，签名还证明只有持有私钥的一方是签署私钥的一方。通俗来讲，JWT 是一个含签名并携带用户相关信息的加密串，页面请求校验登录接口时，请求头中携带 JWT 串到后端服务，后端通过签名加密串匹配校验，保证信息未被篡改。校验通过则认为是可靠的请求，将正常返回数据。可以用于以下场景。

（1）授权，这是最常见的使用场景，解决单点登录问题。因为 JWT 使用起来轻便，开销小，服务端不用记录用户状态信息（无状态），使用比较广泛。

（2）信息交换，JWT 是在各个服务之间安全传输信息的好方法。因为 JWT 可以签名，例如，使用公钥 / 私钥可以确定请求方是合法的。此外，由于使用标头和有效负载计算签名，还可以验证内容是否未被篡改。

JWT 框架如图 4-4 所示。

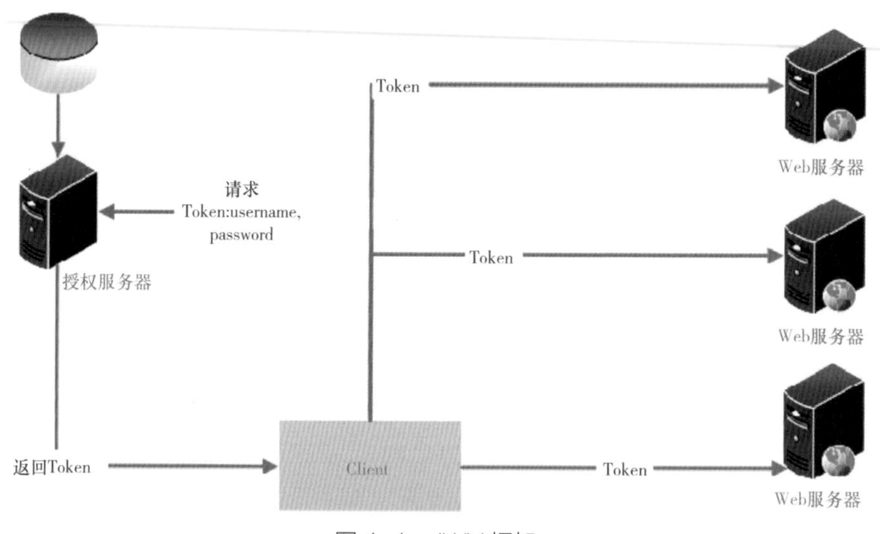

图 4-4　JWY 框架

JWT 的格式由三部分组成，分别是头信息、有效载荷、签名，中间以（.）分隔，即 xxx.yyy.zzz

（1）Header（头信息）。头信息由令牌类型（即 JWT）和散列算法（HMAC、RSASSA、RSASSA-PSS 等）两部分组成，例如：

```
1 {
2   "alg": "HS256",
3   "typ": "JWT"
4 }
```

然后，这个 JSON 被编码为 Base64Url，形成 JWT 的第一部分。

（2）Payload（有效载荷）。JWT 的第二部分是 Payload，其中包含 claims。claims 是关于实体（常用的是用户信息）和其他数据的声明。

以下是 Payload 示例：

```
1 {
2   "sub": "1234567890",
3   "name": "John Doe",
4   "admin": true
5 }
```

然后，再经过 Base64Url 编码，形成 JWT 的第二部分。对于签名令牌，此信息虽然可以防止篡改，但任何人都可以读取。除非加密，否则不要将敏感信息放入到 Payload 或 Header 元素中。

（3）Signature。要创建签名部分，必须采用编码的 Header、编码的 Payload、秘钥、Header 中指定的算法，并对其进行签名。例如，如果要使用 HMAC SHA256 算法，将按以下方式创建签名：

```
1 HMACSHA256(
2   base64UrlEncode(header) + "." +
3   base64UrlEncode(payload),
4   secret)
```

签名用于验证消息在此过程中未被篡改，并且，在使用私钥签名令牌的情况下，它还可以验证 JWT 的请求方是否是它所声明的请求方。输出是三个由点分隔的 Base64-URL 字符串，可以在 HTML 和 HTTP 环境中轻松传递，与 SAML 等基于 XML 的标准相比更加紧凑。例如：


```
1 eyJhbGciOiJIUzI1NiIsInR5cCI6IkpXVCJ9.
2 eyJzdWIiOiIxMjM0NTY3ODkwIiwibmFtZSI6IkpvaG4gRG9lIiwiaWF0IjoxNTE2MjM5MDIyfQ.
3 SflKxwRJSMeKKF2QT4fwpMeJf36POk6yJV_adQssw5c
```

4.3.3 气象数据 API

气象数据基于 Django、Restful、JWT 等技术框架构成气象数据 API，以供各部门单位获取当前所有的气象数据。各相关使用单位可分别使用各自的Restful API账号和密码获取气温、风、降水量、空气湿度等气象数据，用以协助安质部、各区县公司的检修、维护工作。

气象数据 API 服务方式为：IP ：PORT。

使用各数据表 URL 请求数据的步骤为：①使用 token（令牌）请求地址、用户名（username）和密码（password）；②使用数据请求地址及 token（authorization）或其他参数（datetime 和 range 等）来请求获得相应的数据，所请求的数据为 JSON 格式。

»

5 气象数据监测预警系统的实践与应用

基于气象与电网运行支撑体系所开发的气象监测预警系统如今已初步建成，基本功能也已完善，更多功能有待逐步完善。本章以宁夏地区为例进行说明。

5.1 系统建设现状

目前可在系统里查看的气象数据范围包含：

（1）390 个 35～750kV 变电站实时数据和预报数据；

（2）2 个换流变电站实时数据和预报数据；

（3）1 个开关站实时数据和预报数据；

（4）25 个气象监测站实时数据和预报数据；

（5）82 个微气象环境（杆塔坐标点）实时数据和预报数据；

（6）全区各县局预警数据；

（7）冰区、风区、雷害区、舞动和污区坐标范围；

（8）330、750、660、800kV 和 1100kV 线路。

气象数据字段包含：

（1）实时数据字段：气温、湿度、1h降雨量、24h降雨量、风速、风向、风向度数和气压；

（2）预报数据字段：时间段序号、时间段名称、天气情况、最高气温、最低气温、最高气温对应天气情况、最低气温对应天气情况、风向和风力；

（3）预警数据字段：预警类型、预警级别、预警信息标题、预警信息正文、发布预警的单位、应对措施、预警生效时间和预警解除时间。

将以上气象数据和电力设备信息以图层的方式添加到电网GIS中，完成气象数据监测预警系统的建设，通过实时数据展现场景，对突发性的气象灾害实现在电网设备上的实时预警功能，便于相关部门及时采取应对措施，减轻气象灾害导致的电网损失。以此支撑气象数据在电力业务中的深度应用，完善相关部门对电网设备、电网运行可靠性的在线监测手段，并为调度运行、运维检修、客户服务、应急抢险等业务提供精准的数据支撑，减小突发恶劣天气对电网运行的影响范围，降低公司经济损失，提升供电稳定性。

5.2 系统主要基础功能

5.2.1 权限管控

用户可通过指定网址登录气象数据监测预警系统（见图5-1），用户名和密码需向管理员申请，管理员对用户设置了权限管控，即不同层级的用户查看气象数据的范围也不同。气象监测站、变电站和微气象环境的气象数据以及线路图示会按照所属地市和电压等级分配，比如分配某用户查看哪些地市的哪些气象监测站、哪些地市的哪些电压等级的变电站以及哪些电压等级的线路数据。

图 5-1 气象数据监测预警系统登录界面

5.2.2 系统整体部署

系统界面（见图 5-2）整体分为四部分：左侧是气象数据图标栏，上面是区图导航栏，中间是气象数据地图展示区域，右侧是气象局预警数据滚动区域。地图可以放大或者缩小，也可以移动。气象数据展示界面 5min 更新一次，展示最新的数据，界面气象数据发布时间与当前时间会有 15 ~ 20min 的延迟。

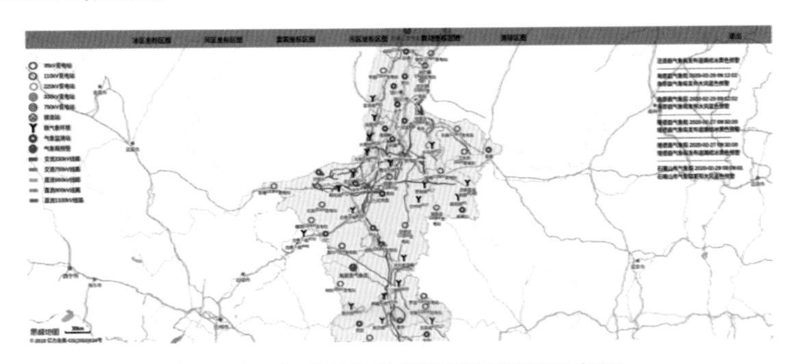

图 5-2 气象数据监测预警系统界面部署

5.2.3 数据查看功能

在地图中将鼠标悬浮于图标上可展示数据，可以将鼠标放入数据表格内进行查看。如图 5-3 所示，显示沙湖 750kV 变电站的实时气象数据和最新预报数据，其中时间为气象局此条数据发布时间，数据中的“0”代表当前无此数据（气象监测设备未检测到数据）。点击显示框右上角的“×”

或者点击地图无图标区域可以关闭数据显示框。

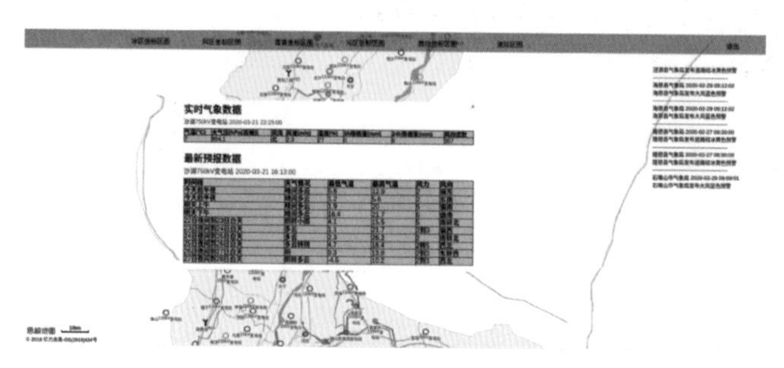

图 5-3　查看气象实时数据及预报数据

点击图标可以跳转到最新历史数据展示界面。如图 5-4 所示，为沙湖 750kV 变电站的部分历史数据，包括实时数据和预报数据，默认按照时间降序排序，可以按照某种数据字段进行排序查看，可以点击右上角的刷新图标更新最新数据。

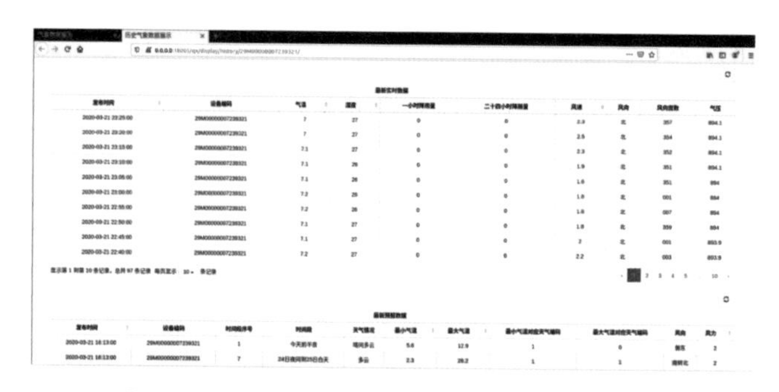

图 5-4　沙湖 750kV 变电站的部分历史数据

5.3 系统预报功能

5.3.1　气象实时播报

对 25 个气象监测站、35kV 及以上变电站、特征杆塔所在气象环境进行实时气象播报，实时数据每 5min 更新一次，主要包括当前气温、大气气压、风向、风向度数、风速、温度、从当前时间点开始近 1h 内的降雨量、从当前时间点开始近 24h 内的降雨量等数据。实时及预报数据图 5-5 所示。

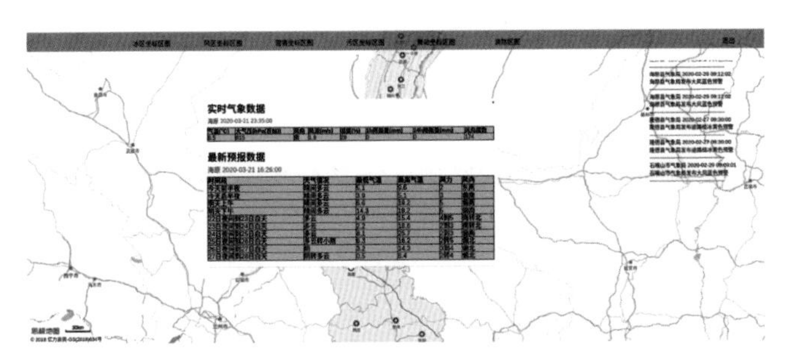

图 5-5 气象实时数据及预报数据

5.3.2 气象预报

建立变电站、监测站、换流站等站点的短期（4 ~ 6 天）气象预报。预报数据包括时间段、天气情况、最低气温、最高气温、风力、风向等数据。变电站气象预报如图 5-6 所示。

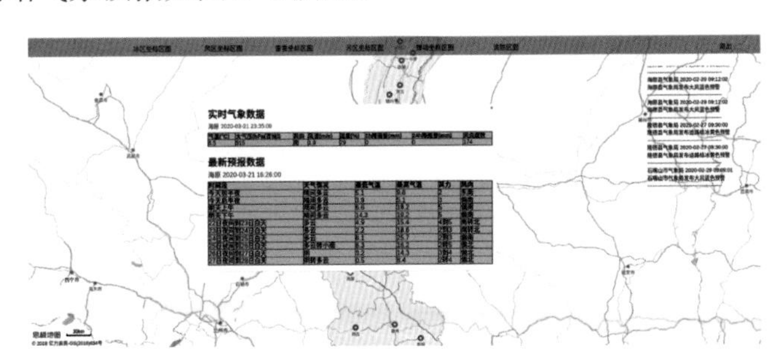

图 5-6 气象实时数据及预报数据

5.4 系统预警功能

5.4.1 宁夏重大气象灾害预警

本系统对重大气象灾害（干旱、暴雨、冰雹、大风、沙尘暴等）进行实时监测及短期监测预警，气象预警信息接入当前处于预警状态的气象局气象信息，滚动展示全部预警信息。如果预警区域没有任何内容或者地图中没有任何气象预警数据图标，则表示当前各气象局无预警信息，如果有气象预警数据，会显示发布预警信息的气象局、预警生效时间和预警标题。预警信息如图 5–7 所示。

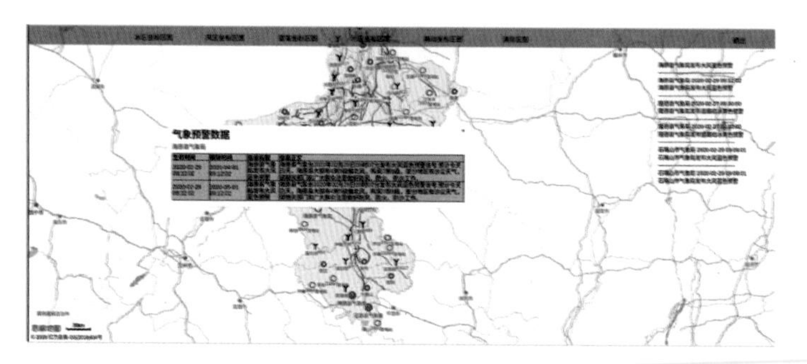

图 5–7　系统预警信息（图片右上角）

5.4.2　电力设备预警

设定电力设备的最大风速、最大温度、最大降雨量等气象参数，以设定的气象参数为标准，根据当前电力设备的气象参数值计算此电力设备是否会出现倒塔、污闪等风险。电力设备预警信息会实时显示在地图中，为预警工作提供可靠数据支撑。

5.5　系统区图范围显示功能

5.5.1　区图导航栏

导航栏（见图 5–8）有冰区、风区、雷害、污区和舞动添加导航，可以将上述某一种区图坐标范围添加到地图中，可以点击“清除区图”将这种区图坐标从地图中清除。区图不可叠加添加，每次添加一种，后一次添加将会覆盖前一次添加的区图坐标。

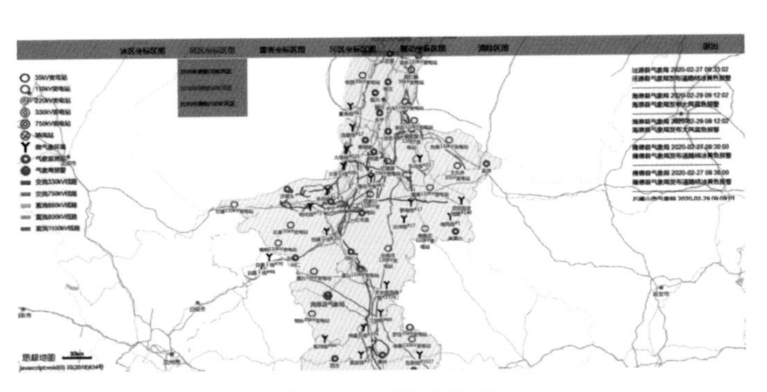

图 5-8　顶部导航栏

5.5.2　区图添加

将基于 GIS 的气象数据添加到当前页面图层，在区图导航栏中选择区图类型，点击对应的区图坐标范围，如点击“2016 年测制 50 年风区”，可以将此类区图坐标范围添加到地图中（见图 5-9）。

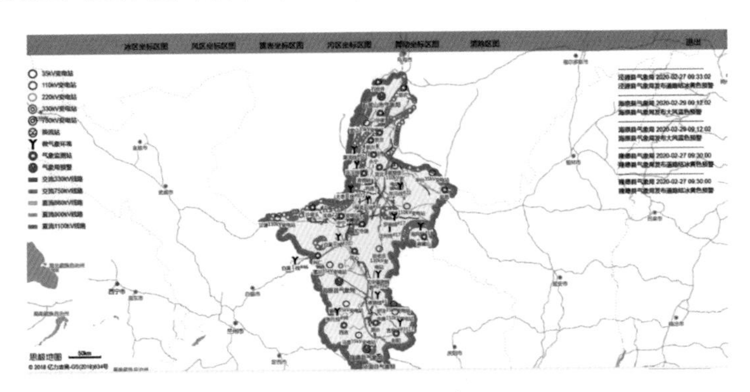

图 5-9　区图添加

5.6 系统的实践与应用

气象数据监测预警系统给电网安全运行提供了可靠的数据支撑，如图 5-10 右上角所示，2020 年 2 月 25 日，系统提示 2020 年 2 月 29 日该地区海原县有大风蓝色预警，大风天气会导致杆塔倾斜、输电线路短路等。为减少恶劣天气带来的影响，海原县供电所立即做好预防措施，包括确定易发生风害的区段、加强线路巡视次数、提醒大棚主人看管好紧固大棚的铁线绳索、对过松的杆塔进行拉线调紧等，若巡检人员发现任何异动必须及时上报并处理，尽量清除引起故障的隐患。

由于海原县提前做好了防护措施，此次风害事故次数大大减少，对比前几次大风导致的风害事故，下降了 13% 左右。

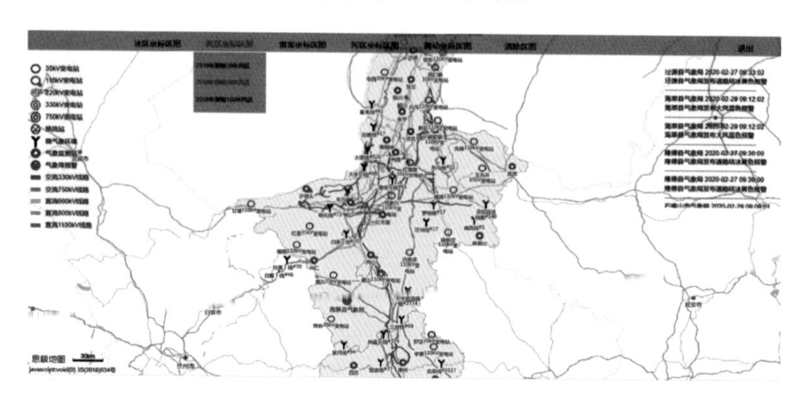

图 5-10　海原县大风蓝色预警

6 气象与电网运行的相关模型研究

气象因素中的高温对生产设备运行影响明显，以宁夏地区为例，使用气象数据 API 获取 2019 年 6 月 1～30 日银川市气温实时数据，从电力系统提取 2019 年 6 月 1～30 日银川线路负荷信息数据 30 条，片区负荷信息数据 690 条，主变压器负荷信息数据 3180 条，线路负荷数据 6432 条、缺陷数据 181 条、配网抢修归档数据 1863 条。通过气温曲线变化情况关联生产设备运行情况，从负荷变化、缺陷发生、配网抢修工单等方面分析高温天气对生产设备运行的影响，从而发现变化规律，提高决策，预防高温天气对生产设备运行的负面影响，提高生产设备管理水平，降低设备维护成本。

6.1 气温影响负荷

近年来，随着经济的快速发展，电力需求呈现平稳增长的态势。由于第三产业的发展和居民生活水平的不断提高，夏季制冷负荷占电网负荷的比重日益提高，气温等气候条件对电网负荷的影响越来越显著。本章以宁夏为例，通过绘制不同地区的负荷变化曲线，研究气温与负荷的关系。

6.1.1 总体负荷分析

从整体趋势来看，最大负荷值与气温的变化曲线成正相关性。银川6月份最高气温超过30℃的有15天（如图6-1红框中所示），最大负荷值峰值出现在6月3日，为1212MW，其次是6月4日，最大负荷值为1202MW，负荷最高值均出现在连续高温天气期间。

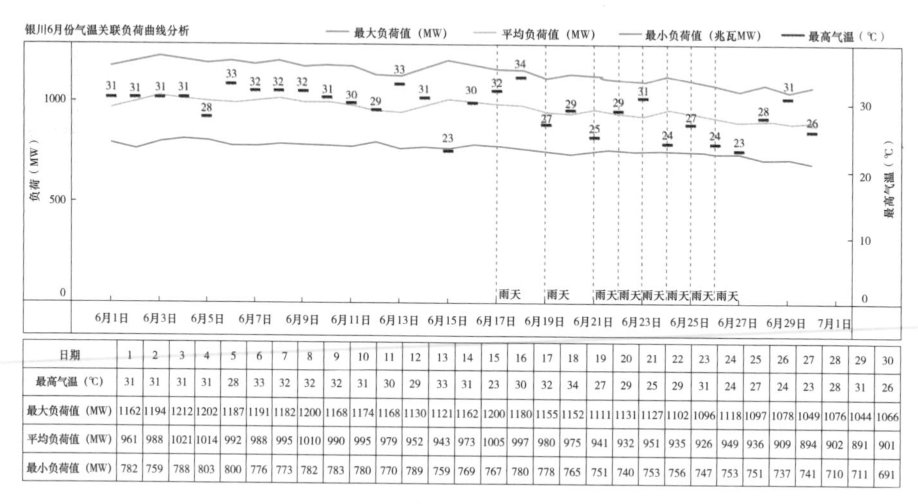

日期	1	2	3	4	5	6	7	8	9	10	11	12	13	14	15	16	17	18	19	20	21	22	23	24	25	26	27	28	29	30
最高气温（℃）	31	31	31	31	28	33	32	32	32	31	30	29	33	31	23	30	32	34	27	29	25	29	31	24	27	24	23	28	31	26
最大负荷值（MW）	1162	1194	1212	1202	1187	1191	1182	1200	1168	1174	1168	1130	1121	1162	1200	1180	1155	1152	1111	1131	1127	1102	1096	1118	1097	1078	1049	1076	1044	1066
平均负荷值（MW）	961	988	1021	1014	992	988	995	1010	990	995	979	952	943	973	1005	997	980	975	941	932	951	935	926	949	936	909	894	902	891	901
最小负荷值（MW）	782	759	788	803	800	776	773	782	783	780	770	789	759	769	767	780	778	765	751	740	753	756	747	753	751	737	741	710	711	691

图6-1 银川整体负荷分析

6.1.2 供电片区负荷分析

从供电分区类型维度（见图6-2）来看，A区的兴庆区城区、B区的西夏区城区、C区的贺兰县县城及德胜供电区均超过100MW。

6.1.3 变电站负荷曲线分析

（1）兴庆区城区变电站负荷监测分析。从气温与负荷的整体变化趋势上来看，二者关系成正相关。气温从6月6日至6月9日持续高温，以6月6日变电站负荷值为基点，计算6日到9日的负荷增长率，并按负荷增长率递减的方式对变电站进行排序，如图6-3所示，光华110kV变电站、西郊110kV变电站、上前城110kV变电站的负荷增长率分别为7.56%、6.99%、3.97%。

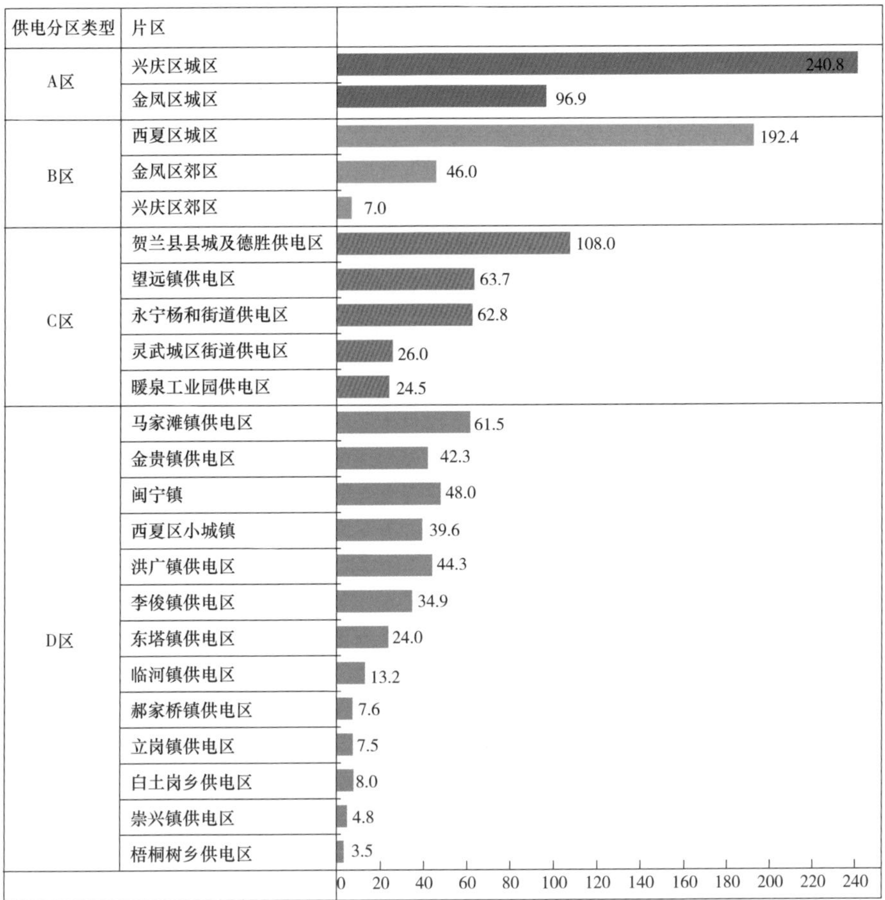

图 6-2　供电片区负荷分析

（2）西夏区城区变电站负荷监测分析。从气温与负荷的整体变化趋势上来看，二者关系成正相关。气温从 6 月 6 日至 6 月 9 日持续高温，以 6 月 6 日变电站负荷值为基点，计算 6 日到 9 日的负荷增长率，并按负荷增长率递减的方式对变电站进行排序，如图 6-4 所示，兴庆 110kV 变电站、长城 110kV 变电站、银川 220kV 变电站的负荷增长率分别为 19.51%、7.63%、7.13%。

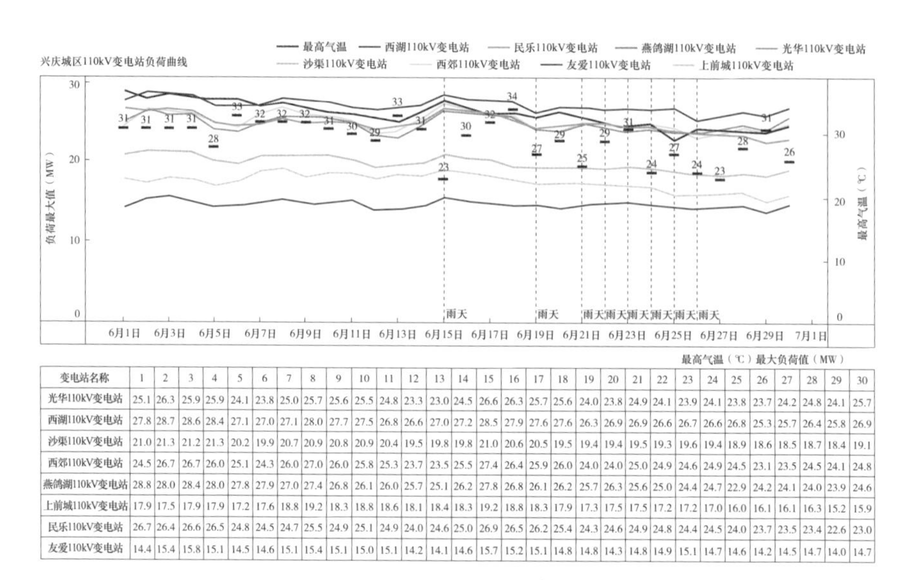

变电站名称	1	2	3	4	5	6	7	8	9	10	11	12	13	14	15	16	17	18	19	20	21	22	23	24	25	26	27	28	29	30
光华110kV变电站	25.1	26.3	25.9	25.9	24.1	23.8	25.0	25.7	25.6	25.5	24.8	23.3	23.0	24.5	26.6	26.3	25.7	25.6	24.0	23.8	24.9	24.1	23.9	24.1	23.8	23.7	24.2	24.8	24.1	25.7
西湖110kV变电站	27.8	28.7	28.6	28.4	27.1	27.0	27.1	28.0	27.7	27.5	26.8	26.6	27.0	27.2	28.5	27.9	27.6	27.6	26.3	26.9	26.9	26.6	26.7	26.6	26.8	25.3	25.7	26.4	25.8	26.9
沙渠110kV变电站	21.0	21.3	21.2	21.3	20.2	19.9	20.7	20.9	20.8	20.9	20.4	19.5	19.8	19.8	21.0	20.6	20.5	19.5	19.4	19.4	19.5	19.3	19.6	19.4	18.9	18.6	18.5	18.7	18.4	19.1
西郊110kV变电站	24.5	26.7	26.7	26.0	25.1	24.3	26.0	27.0	26.0	25.8	25.3	23.7	23.5	25.5	27.4	26.4	25.9	26.0	24.0	24.0	25.0	24.9	24.6	24.9	24.5	23.1	23.5	24.5	24.1	24.8
燕鸽湖110kV变电站	28.8	28.0	28.4	28.0	27.8	27.9	27.0	27.4	26.8	26.1	26.0	25.7	25.1	26.2	27.8	26.8	26.1	26.2	25.7	26.3	25.6	25.0	24.4	24.7	22.9	24.2	24.1	24.0	23.9	24.6
上前城110kV变电站	17.9	17.5	17.9	17.9	17.2	17.6	18.8	19.2	18.3	18.8	18.6	18.1	18.4	18.3	19.2	18.8	18.3	17.9	17.3	17.5	17.5	17.2	17.2	17.0	16.0	16.1	16.1	16.3	15.2	15.9
民乐110kV变电站	26.7	26.4	26.6	26.5	24.8	24.5	24.7	25.5	24.9	25.1	24.9	24.0	24.6	25.0	26.9	26.5	26.2	25.4	24.3	24.6	24.9	24.8	24.4	24.5	24.0	23.7	23.5	23.4	22.6	23.0
友爱110kV变电站	14.4	15.4	15.8	15.1	14.5	14.6	15.1	15.4	15.1	15.0	15.1	14.2	14.1	14.6	15.7	15.2	15.1	14.8	14.8	14.3	14.8	14.9	15.1	14.7	14.6	14.2	14.5	14.7	14.0	14.7

图 6-3　兴庆区城区变电站负荷分析

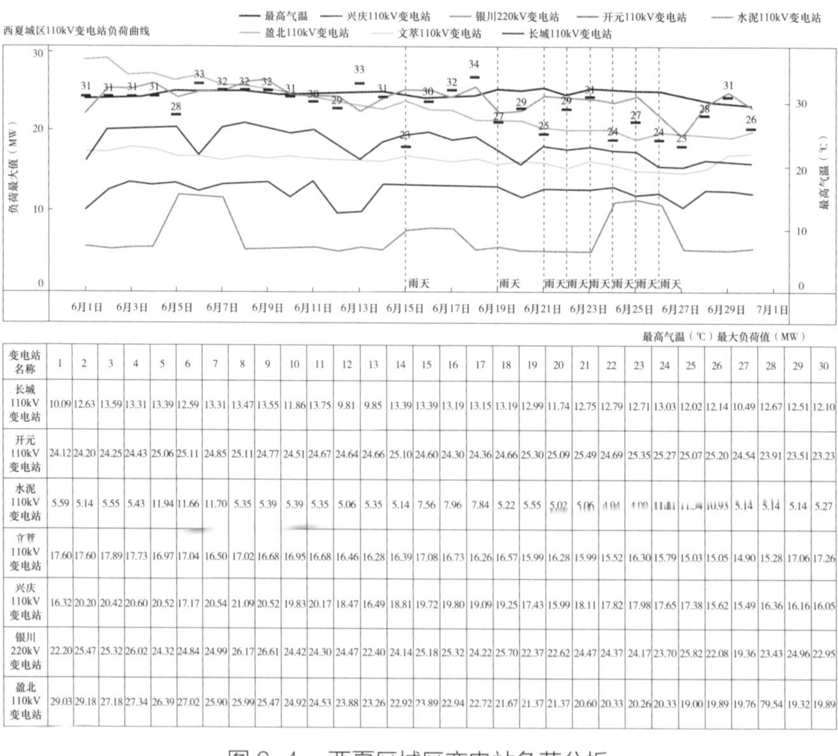

变电站名称	1	2	3	4	5	6	7	8	9	10	11	12	13	14	15	16	17	18	19	20	21	22	23	24	25	26	27	28	29	30
长城110kV变电站	10.09	12.63	13.59	13.31	13.39	12.59	13.31	13.47	13.55	11.86	13.75	9.81	9.85	13.39	13.39	13.19	13.15	13.19	12.99	11.74	12.75	12.79	12.71	13.03	12.02	12.14	10.49	12.67	12.51	12.10
开元110kV变电站	24.12	24.20	24.25	24.43	25.06	25.11	24.85	25.11	24.77	24.51	24.67	24.64	24.66	25.10	24.60	24.30	24.36	24.66	25.30	25.09	25.49	24.69	25.35	25.27	25.07	25.20	24.54	23.91	23.51	23.23
水泥110kV变电站	5.59	5.14	5.55	5.43	11.94	11.66	11.70	5.35	5.39	5.39	5.35	5.06	5.35	5.14	7.56	7.96	7.84	5.22	5.55	5.02	5.06	[illegible]	[illegible]	[illegible]	[illegible]	10.93	5.14	5.14	5.14	5.27
文萃110kV变电站	17.60	17.60	17.89	17.73	16.97	17.04	16.50	17.02	16.68	16.95	16.68	16.46	16.28	16.39	17.08	16.73	16.26	16.57	15.99	16.28	15.99	15.52	16.30	15.79	15.03	15.05	14.90	15.28	17.06	17.26
兴庆110kV变电站	16.32	20.20	20.42	20.60	20.52	17.17	20.54	21.09	20.52	19.83	20.17	18.47	16.49	18.81	19.72	19.80	19.09	19.25	17.43	15.99	18.11	17.82	17.98	17.65	17.38	15.62	15.49	16.36	16.16	16.05
银川220kV变电站	22.20	25.47	25.32	26.02	24.32	24.84	24.99	26.17	26.61	24.42	24.30	24.47	22.40	24.14	25.18	25.32	24.22	25.70	22.37	22.62	24.47	24.37	24.17	23.70	25.82	22.08	19.36	23.43	24.96	22.95
盈北110kV变电站	29.03	29.18	27.18	27.34	26.39	27.02	25.90	25.99	25.47	24.92	24.53	23.88	23.26	22.92	23.89	22.94	22.72	21.67	21.37	21.37	20.60	20.33	20.26	20.33	19.00	19.89	19.76	79.54	19.32	19.89

图 6-4　西夏区城区变电站负荷分析

（3）金凤区城区变电站负荷监测分析。从气温与负荷的整体变化趋势上来看，二者关系成正相关。气温从6月6日至6月10日持续高温，以6月6日的变电站负荷值为基点，计算6日到10日的负荷增长率，并按负荷增长率递减的方式对变电站进行排序，如图6–5所示，新城220kV变电站、满春110kV变电站、丰登110kV变电站的负荷增长率分别为10.84%、1.3%、1.0%。

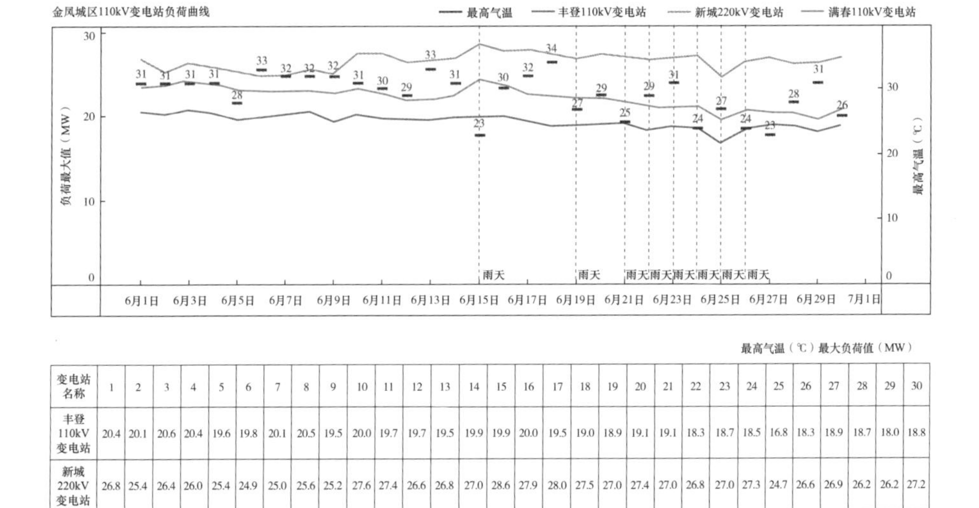

最高气温（℃）最大负荷值（MW）

变电站名称	1	2	3	4	5	6	7	8	9	10	11	12	13	14	15	16	17	18	19	20	21	22	23	24	25	26	27	28	29	30
丰登110kV变电站	20.4	20.1	20.6	20.4	19.6	19.8	20.1	20.5	19.5	20.0	19.7	19.7	19.5	19.9	19.9	20.0	19.5	19.0	18.9	19.1	19.1	18.3	18.7	18.5	16.8	18.3	18.9	18.7	18.0	18.8
新城220kV变电站	26.8	25.4	26.4	26.0	25.4	24.9	25.0	25.6	25.2	27.6	27.4	26.6	26.8	27.0	28.6	27.9	28.0	27.5	27.0	27.4	27.0	26.8	27.0	27.3	24.7	26.6	26.9	26.2	26.2	27.2
满春110kV变电站	23.5	23.7	24.3	23.8	23.1	23.0	23.1	23.2	22.9	23.3	22.8	21.9	21.9	22.4	24.3	23.7	22.6	22.4	22.0	22.1	21.6	21.1	20.9	21.0	19.5	20.7	20.3	20.2	19.5	20.6

图6-5　金凤区城区变电站负荷分析

（4）民乐变电站、光华变电站和燕鸽湖变电站负荷监测分析。通过分析民乐变电站、光华变电站、燕鸽湖变电站3座110kV变电站所带用电类别运行容量发现，商业用电和城镇居民用电运行容量占比较大（见图6–6～图6–8），其中民乐变电站占77.70%、光华变电站占74.90%、燕鸽湖变电站62.10%。居民及商业用电负荷受气温影响显著，主要为空调负荷随气温升高而增加，是此类变电站负荷变化的主要因素。

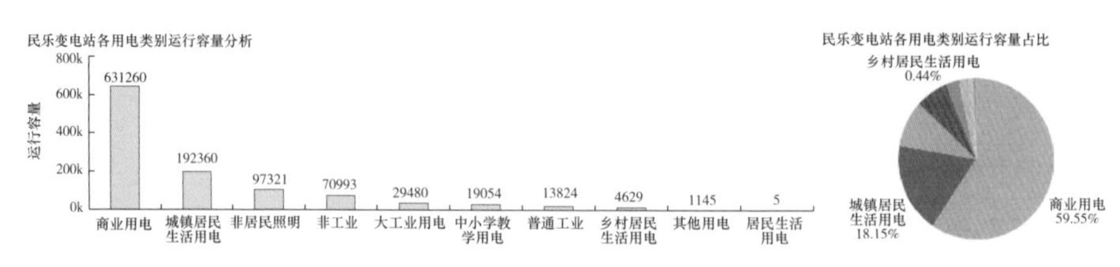

图 6-6　民乐变电站负荷分析

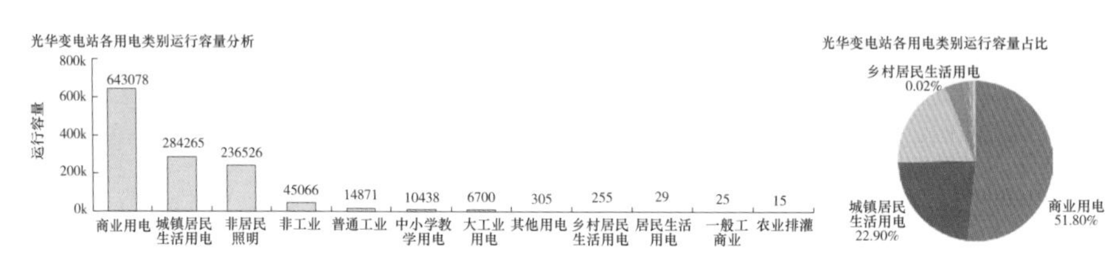

图 6-7　光华变电站负荷分析

图 6-8　燕鸽湖变电站负荷分析

6.1.4　线路负荷监测分析

从气温与负荷的整体变化趋势上来看，二者成正相关性变化。6 月 6～10 日，持续高温，以 6 月 6 日的变电站负荷值为基点，计算 6 日到 10 日的负荷增长率，并按负荷增长率递减的方式对变电站进行排序，如图 6-9 表格中所示，其中新城变电站 531 新高一回线、燕鹅变电站 528 大新线、新城变电站 517 新开北线负荷增长率分别为 36.50%、19.05%、3.65%。

6.1.5　线路重过载分析

通过监测分析发现，线路重过载情况随气温的变化明显，线路负荷重过载情况集中出现在高温天气时段，6 月 1～4 日，持续高温，6 月 4 日重过载线路条数达到最多的 13 条。出现重载次数较多的线路主要有光华

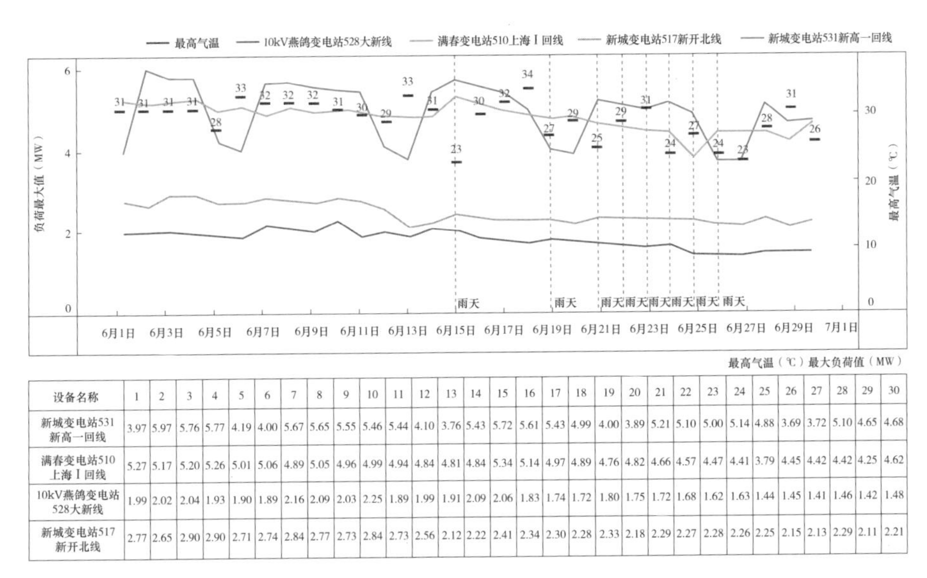

设备名称	1	2	3	4	5	6	7	8	9	10	11	12	13	14	15	16	17	18	19	20	21	22	23	24	25	26	27	28	29	30
新城变电站531新高一回线	3.97	5.97	5.76	5.77	4.19	4.00	5.67	5.65	5.55	5.46	5.44	4.10	3.76	5.43	5.72	5.61	5.43	4.99	4.00	3.89	5.21	5.10	5.00	5.14	4.88	3.69	3.72	5.10	4.65	4.68
满春变电站510上海Ⅰ回线	5.27	5.17	5.20	5.26	5.01	5.06	4.89	5.05	4.96	4.99	4.94	4.84	4.81	4.84	5.34	5.14	4.97	4.89	4.76	4.82	4.66	4.57	4.47	4.41	3.79	4.45	4.42	4.42	4.25	4.62
10kV燕鸽变电站528大新线	1.99	2.02	2.04	1.93	1.90	1.89	2.16	2.09	2.03	2.25	1.89	1.99	1.91	2.09	2.06	1.83	1.74	1.72	1.80	1.75	1.72	1.68	1.62	1.63	1.44	1.45	1.41	1.46	1.42	1.48
新城变电站517新开北线	2.77	2.65	2.90	2.90	2.71	2.74	2.84	2.77	2.73	2.84	2.73	2.56	2.12	2.22	2.41	2.34	2.30	2.28	2.33	2.18	2.29	2.27	2.28	2.26	2.25	2.15	2.13	2.29	2.11	2.21

图 6-9　线路负荷分析

变电站 520 利民西线、满春变电站 510 上海一回线、满春变电站 518 银佐三回线、新城变电站 531 新高一回线、兴庆区 513 黄河南线、燕鸽变电站 516 燕横一回线，时间段内未出现过载情况，如图 6-10 所示。

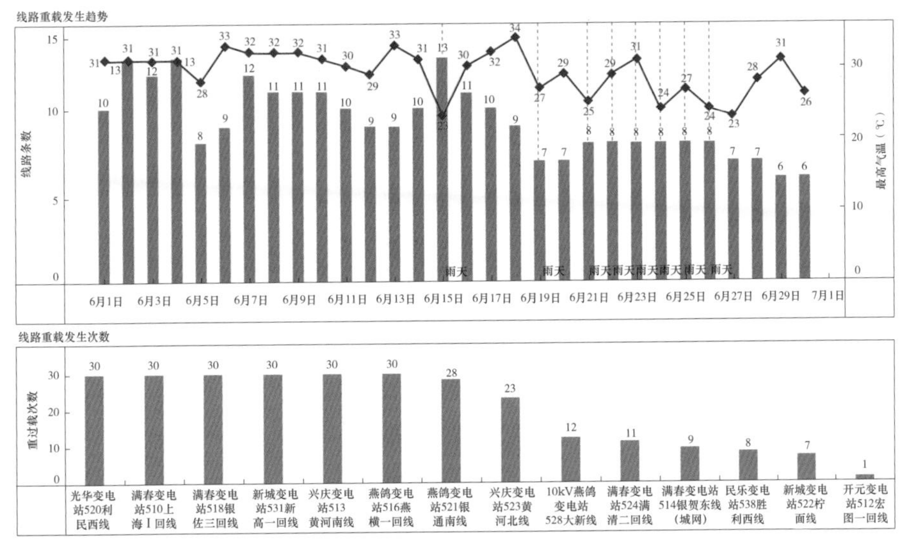

图 6-10　线路重过载分析

6.1.6 气温影响缺陷分析

通过监测分析，6 月 3 日和 6 月 21 日缺陷较多，分别为 44 次和 14 次，在 6 月 20 号降雨天气后缺陷次数达到最多，为 67 次。从设备类型来看，杆塔缺陷次数最多，为 42 次，从缺陷原因分析（见图 6–11），异物导致缺陷的发生占比最大，为 9.39%，此外系统中有 45.30% 比重的缺陷原因未录入，无法开展相关分析。建议运维单位按时、完备记录设备运维信息，以便于开展设备缺陷监测分析。

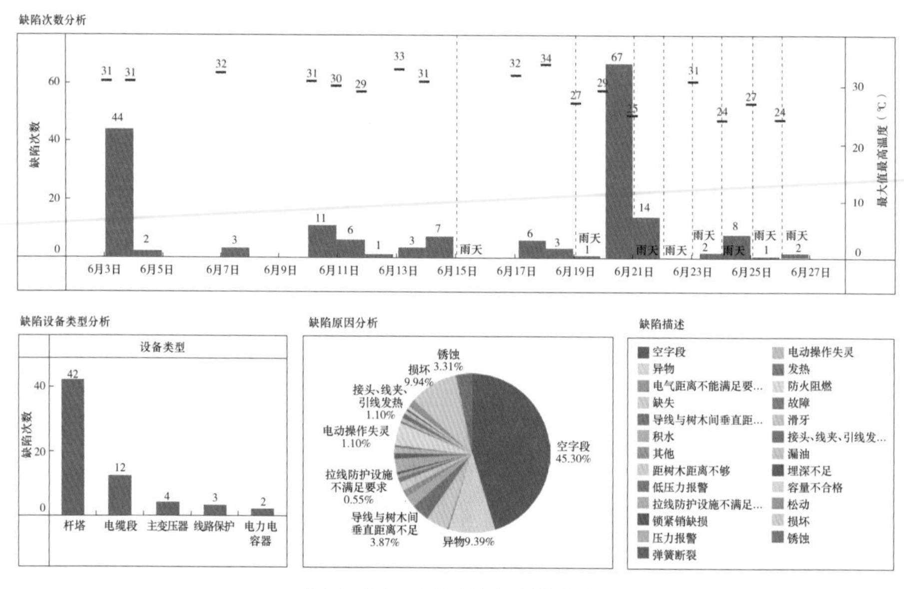

图 6–11　气温影响缺陷分析

6.1.7 气温影响供电服务分析

通过监测分析发现抢修工单数与降雨天气和温度变化成正相关性。抢修工单在 6 月 27 日持续降雨天气后达到最大值，为 125 个。从图 6–12 中还可以看出，6 月 12 ~ 14 日持续高温后抢修工单数也逐渐增加。建议各运维单位在高温天气及雨季时段，合理安排故障抢修时间，提高供电服务水平。

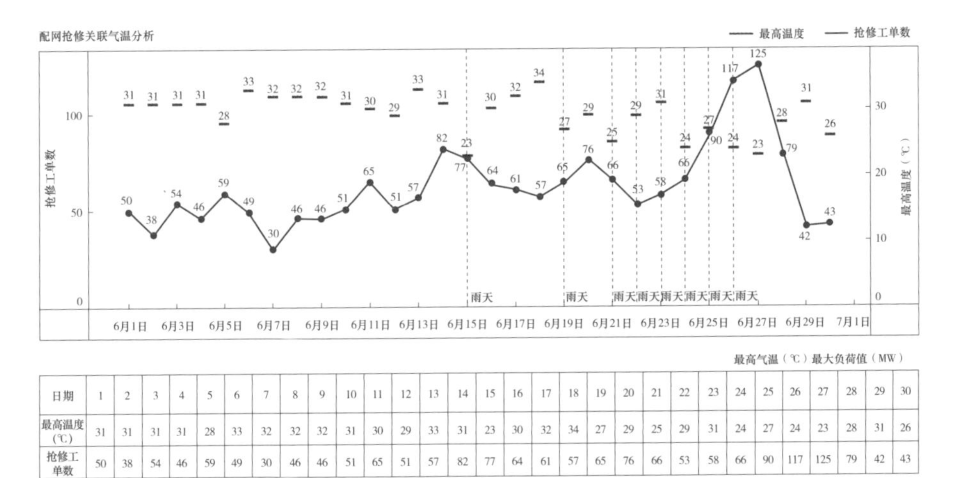

日期	1	2	3	4	5	6	7	8	9	10	11	12	13	14	15	16	17	18	19	20	21	22	23	24	25	26	27	28	29	30
最高温度（℃）	31	31	31	31	28	33	32	32	32	31	30	29	33	31	23	30	32	34	27	29	25	29	31	24	27	24	23	28	31	26
抢修工单数	50	38	54	46	59	49	30	46	46	51	65	51	57	82	77	64	61	57	65	76	66	53	58	66	90	117	125	79	42	43

图 6-12 气温影响供电服务分析

通过对银川 6 月份高温天气对设备运行情况的监测分析，发现高温天气与负荷值呈现明显的正相关性；同时通过对各变电站和线路负荷监测分析发现，6 月份在高温天气期间线路有出现重载状况，并且随气温升高，重过载数量也逐渐增加；通过气温与缺陷记录的关联分析，并未发现气温和缺陷有明显的关联关系，但设备缺陷录入情况较差，建议各单位按时、完备记录设备运维信息，以便于开展设备缺陷监测分析，并且多关注天气和气温变化所造成的负荷变化和缺陷的发生，及时开展设备巡视和检修工作，提高供电服务水平。

6.2 基于系统数据的模型研究

6.2.1 风灾评估模型的研究

电网风灾的形成是一个多种因素综合合作用的结果，这些因素包括风速、风向、输电线路走向、地形、地质类型和降雨量等，它们之间存在复杂的非线型关系，其中大部分因素都具有极强模糊性和不确定性。对电网风灾的确定性评估十分困难、复杂，目前资料、数据还相当匮乏。采用模糊风险评估方法进行电网风灾综合评估，但其考虑的要素较多，且大部分因子无法直接获取，而权重参量的选取更多依赖于经验，故目前主要是用于预想事故集排序，该评估模型更多的是一种概念模型，要真正用于风灾预警还需要更进一步的研究。考虑目前数值预报模型输出值只有风速和风向，且精度和实时性较高，故对风灾评估模型进行简化，结合杆塔的抗风设计参数建立了杆塔损毁概率模型，在系统中实现电网风灾的预测预警。电网风灾评估工作流程如图 6–13 所示。

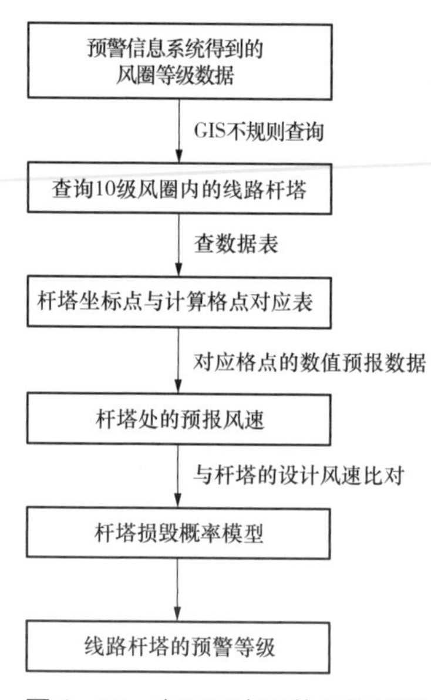

图 6–13　电网风灾评估工作流程

每级输电线路铁塔在设计时都有其额定的设计风速，设为 V。本书假设预测风速 v 不大于设计风速 V 时，损毁概率 $\lambda(v)$ 为 0；$v \geqslant 2V$ 时，损毁概率为 1；$V<v<2V$ 时，损毁概率呈指数增长，如式（6–1）所示，这主要是考虑钢的承载极限在大变形时往往有指数增长特性。于是，可以得到输电塔基于预测风速的损毁概率模型。

$$\lambda(v)=\exp[\ln 2(v-V)/V]-1,\ V<v<2V \quad (6-1)$$

将计算出的杆塔损毁概率对应到四个危险等级，分别是：当 $\lambda(v)\geq 80\%$ 时，为红色预警；当 $50\%\leq\lambda(v)<80\%$ 时，为橙色预警；当 $20\%\leq\lambda(v)<50\%$ 时，为黄色预警；当 $0<\lambda(v)<20\%$ 时，为绿色预警。

6.2.2 电网安全预警模型的研究

6.2.2.1 常规模型的比较

通过对过去针对具体因素引起的安全问题的预警模型的研究发现，Z-Score、Logistic、Probit 模型和因子分析法被广泛应用。

Z-Score 模型的基本原理是判别分析法，常用于衡量一个公司的财务健康状况，对公司在 2 年内破产的可能性进行诊断与预测。主要内容有：根据公司财务报表的信息，提取出有用的分类数据，对分类数据回归得出相应的函数关系，再根据函数具体分辨该公司的类型。Z-Score 模型存在着判别基准点，企业的基本财务状况可以通过跟这个基准点作对比得出来，财务状况好的企业得出的值大于这个点，同时，低于基准点的值反映出了一个不好的财务状况，甚至有破产的风险。因而 Z-Score 模型原理简单明了，也很易行。模型的数据都不难获得，基本上都可以直接用上市公司公开的财务报表。模型的不足之处有：①判断建立在对很多数据分析的基础上，因而需要搜集大量的数据，整个过程相对复杂：②有几个严格的基本假定，因而现实中未必满足，例如假设变量服从联合正态分布，假设两组样本数据有着相同的协方差。

Probit 回归模型的特点是，有一个更加严格的基本假定，就是回归变量符合标准的正态分布。实际上现实中很少有公司能满足这样的基本假定，忽视基本假定而直接把模型应用到公司中，得到的结果是不可信缺乏依据的。因此，由于 Probit 模型的基本前提假设很难满足，直接影响了 Probit 模型使用的范围。

Logistic 模型的用途很广泛。如果使用者知道了很多变量的预测值，想知道一种特定的结果会不会发生，或者变量间有没有存在某种特性，Logistic 模型在这种情况下就很有用。之前的财务预警模型都有着两个基本假定，那就是变量符合正态分布，不同的数据组有相同的协方差。然而在实际应用中，这种基本假定很难被满足，因而导致相对于传统模型，不要求自变量符合正态分布和等协方差的 Logistic。

回归模型更加实用一些，在应用中也更加符合企业的状况，尤其是解决 0–1 回归问题非常有优势。然而这个模型也有缺点：使用 Logistic 模型的计算工作量非常大，判别中间区域（如 0.5 左右）的敏感性比较强，使得判别结果波动较大，这样就使得逻辑回归模型要配合其他的判断方法一起使用来加强预测结果的可靠性。

因此在应用 Logistic 回归分析方法时不能单独使用，为了避免这种情况，在本书的模型构建时采用的是因子分析和 Logistic 回归分析相结合的方法，因为因子分析恰好弥补了 Logistic 回归分析中的不足。

6.2.2.2　因子分析法

（1）基本原理。因子分析最初由英国心理学家斯皮尔曼（C.Spearman）提出，是多元统计分析的一个重要分支，以浓缩数据为主要目的，通过对变量的相关性进行研究，重新总结出少数几个变量，来反映原来变量的信息。

这种方法有两个应用：

1）发现基本结构。多元回归中，出现多重共线性的概率很大，导致对这些数据的分析变得复杂。使用因子分析的方法，总结出几个新的变量对过去的数据信息进行整合，可以很大程度上解决多重共线性的问题。

2）用因子分析的方法精炼数据。因子分析把有用的数据从大量的数据中提炼出来，使得对数据分析的工作量能减少一半甚至更多。

（2）基本模型。在一组有关联的数据中，影响因素既有公共因子也有

特殊因子。因子分析就是要找出一组变量中的公共因子。基本模型为

$$\begin{cases} x_1 = a_{11}f_1 + a_{12}f_2 + \ldots + \ldots a_{1k}f_k + e_1 \\ x_2 = a_{21}f_1 + a_{22}f_2 + \ldots + \ldots a_{2k}f_k + e_2 \\ \ldots\ldots \\ x_n = a_{n1}f_1 + a_{n2}f_2 + \ldots + \ldots a_{nk}f_k + e_n \end{cases} \tag{6-2}$$

式中：x_i 是被解释变量；f_i 是公共因子，两两正交；e_i 是特殊因子，只对相应的x_i起作用；a_{ij} 是公共因子的负载，即第i个变量在第j个因子上的负载，a_{ij} 是负载矩阵。求公共因子的核心，即是求负载矩阵 a_{ij}，即

$$a_{ij} = \begin{pmatrix} a_{11} & a_{12} & \cdots & a_{1j} & \cdots & a_{1k} \\ a_{21} & a_{22} & \cdots & a_{2j} & \cdots & a_{2k} \\ \cdots & \cdots & \cdots & \cdots & \cdots & \cdots \\ a_{i1} & a_{i2} & \cdots & a_{ij} & \cdots & a_{ik} \\ \cdots & \cdots & \cdots & \cdots & \cdots & \cdots \\ a_{n1} & a_{n2} & \cdots & a_{nj} & \cdots & a_{nk} \end{pmatrix}$$

（3）因子分析的主要性质：

1）x_i 与 f_i 的相关系数是 a_{ij}。

2）x_i 与 x_j 的相关系数是$r_{ij} = a_{i1}a_{j1} + \ldots + a_{im}a_{jm}$（两变量的相应负载的积之和）。

3）x_i 的方差表示为

$$Var(x_i) = h_i^2 + Var(e_i) = 1$$

$$h_i^2 = a_{i1}^2 + a_{i2}^2 + \ldots + a_{im}^2$$

式中：h_i^2 是公因子方差，h_i^2=0.96，表明 x_i 的公因子解释了 x_i 的 96% 的方差。

4）f_i 的贡献可表示为

$$V_j = a_{1j}^2 + a_{2j}^2 + \ldots + a_{kj}^2$$

式中：a_{ij} 是第 j 列的平方和；$V_j = 0.56$，表示第 j 个公共因子的贡献在所有

方差中的比例为56%。

（4）因子分析的基础条件。因子分析并不能应用于所有数据中。做因子分析的要求是：变量之间要具有相关性，如果变量之间正交，则无法在变量中提取出公共因子，导致因子分析无法进行，因此相关性检验必须在因子分析之前进行，相关性程度较高，满足做因子分析的前提。

（5）相关性检验法。抽样适合性检验（Kaiser Meyer Olkin，KMO）和巴特利特球体检验是两种主要的用于检验相关性的方法。KMO样本测度得出一个数值，这个数值是通过用所有变量的相关系数的平方和减去这些变量之间的偏相关系数的平方和得出的差。KMO的值越接近于1，越适合做因子分析；KMO的值越接近于0，做因子分析准确度越低。巴特利特球体检验是以相关系数矩阵为基础来判断的，它的“零假设”为相关系数矩阵，R为单位矩阵，即相关系数矩阵对角线上的所有元素都是1，所有非对角线上的元素都为零。巴特利特球体检验的统计量是根据相关系数矩阵的行列式得到的，如果该值较大，其对应的相伴概率值小于用户心中的显著性水平，那么应该拒绝零假设，认为相关系数不可能是单位矩阵，即原始变量之间存在相关性，适合做因子分析；想法则不适合做因子分析。

6.2.2.3 逻辑模型分析法

（1）回归分析。回归分析是确定两种或两种以上变量间相互依赖的定量关系，主要是研究变量之间的关系。过去的研究中，使用的统计预警模型几乎都以要求样本服从多元正态分布为前提条件，然而现实中假设条件很难得到满足。Logistic回归模型没有这样的基本假设，避免了这种问题，因而是一种更实用的、更符合企业状况的一种模型，对数据的满足的基本假设要求较低，不管样本是否服从正态分布，都可以利用该模型进行分析，可以非常有效地解决0-1回归问题。逻辑回归分析是对变量的定性回归分析。

（2）Logistic 回归模型分析。Logistic 回归的实质：发生事件概率除以没有发生事件概率，再取对数。Logstic 回归的 Log*it* 变化也称自然对数转换，该转换是将非线性函数转化为线性函数，即

$$\log it\left(y_i\right)=\log it\left(p_i\right)=\ln\left(\frac{p_i}{1-p_i}\right)=\alpha+\beta x_1 \tag{6-3}$$

对于 k 个自变量的情况，模型为

$$\log it\left(p\right)=\alpha+\beta_1 x_1+\beta_2 x_2+\cdots+\beta_k x_k \tag{6-4}$$

相应的 Logstic 回归模型为

$$p=\frac{\exp\left(\alpha+\beta_1 x_1+\beta_2 x_2+\cdots+\beta_k x_k\right)}{1+\exp\left(\alpha+\beta_1 x_1+\beta_2 x_2+\cdots+\beta_k x_k\right)} \tag{6-5}$$

式中：自变量系数 β 表示当自变量改变一单位时，因变量发生事件概率与不发生事件概率之比的对数变化值；常数项 α 表示，自变量系数 β 均为 0 时，因变量发生事件概率与不发生事件概率之比的对数值。

Logistic 回归模型的有效性检验包括参数估计和显著性检验两个方面。

1）参数估计。Logistic 回归模型的估计通常采用最大似然估计法，最大似然估计是利用总体的分布密度或概率分布的表达式及其样本所提供信息建立起求未知参数估计量的一种方法。估计过程就是要求出使这一似然函数最大的值的参数估计，是统计分析中典型的参数估计方法。

2）显著性检验：事先对总体（随机变量）的参数或总体分布形式做出一个假设，然后利用样本信息来判断这个假设是否合理，即判断总体的真实情况与原假设是否有显著的差异。也就是说，显著性检验是要判断样本与我们对总体所做假设之间的差异是纯属机会变异，还是由我们所做的假设与总体真实情况之间不一致所引起的。显著性检验包括 Wald 检验、L.R. 检验等。

（3）Logistic 回归模型的判别方法。二元 Logistic 回归模型可以直接预测变量相对于某一事件发生的概率，情况是只有一个自变量时，回归模型可表示为

$$p=\frac{\exp(b+ax)}{1+\exp(b+ax)}$$

式中：b 是常数；a 是 x 的系数。

若情况为多个自变量，那么回归模型的方程可表示为

$$p=\frac{\exp(\alpha+\beta_1x_1+\beta_2x_2+\cdots+\beta_kx_k)}{1+\exp(\alpha+\beta_1x_1+\beta_2x_2+\cdots+\beta_kx_k)}$$

其中 k 代表有 k 个自变量。此处研究的是多个变量的二元 Logistic 回归模型。在这个模型中，P 的取值介于 [0,1] 之间，存在一个判别临界值（一般取 0.5），当 P 值大于该临界值时，认为该区域电网易受到影响发生事故，P 值越大，说明特定气象条件下，该区域电网越不安全，越容易受某因素影响发生事故危机。P 值小于该临界值时，认为区域电网偏向于安全稳定，P 值越小，说明该区域电网越安全，越不容易受某因素影响发生危机。当 P 值处于临界值边缘时，该区域电网有可能会发生事故危机，出现这种情况时，相关部门也应该予以重视，如果不加以排查控制，忽略潜在不安全因素，同样容易发生事故。

（4）Logistic 回归模型的应用。此处在应用回归模型时，以宁夏石嘴山地区 2018 年逐月电力事故为统计样本，以 2019 年 12 个月的数据作为检验样本，根据年事故数分月同比的时间分布特征，春夏季节事故数明显较秋冬季节事故数多，可初步预见事故数与季节的变化存在一定的关系。

6.2.2.4 数据指标选取

本书对电网安全事故按事故发生原因进行分类，事故致因分为：①违章及管理；②雷害、台风与其他自然灾害；③外力破坏；④设备质量不良

引起的事故。

在进行统计分析时，只采用因气象因素导致的电网事故数据。具体如下：

（1）气压：月、年平均气压；

（2）气温：月、年平均气温，平均最高气温，平均最低气温，极端最高气温，极端最低气温；

（3）相对湿度：月、年平均相对湿度，最小相对湿度；

（4）总云量：月、年平均总云量；

（5）日照：月、年日照总时数，平均日照百分率；

（6）蒸发：月、年小型和大型蒸发量；

（7）积雪：月、年最大积雪深度；

（8）降水：月、年降水总量，一日最大降水量，不小于 0.1、10、25、50、100、150mm 降水日数；

（9）风：月、年平均风速，最大风速；

（10）天气现象：月、晴、阴、雨、雪、雹、大风初终期。

本书选取 12 类气象因素指标，即：月平均气温 x_1、月最高气温 x_2、月最低气温 x_3、月极端高温 x_4、月地极端低温 x_5、月平均相对湿度 x_6、月最小相对湿度 x_7、月降水总量 x_8、每月日最大降水总量 x_9、月平均风速 x_{10}、月最大风速 x_{11}、月极大风速 x_{12}。

6.2.2.5 气象因子分析

在实证分析中，应用因子分析方法研究出众多变量之间的内部依赖关系，再对 2018 年的数据做进一步降维简化分析，最终计算出几个主要公因子。使用统计产品与服务解决方案（Statistical Product and Service Solutions，SPSS）进行因子分析，因子抽取使用主成分法。对提取后的因子用方差贡献率表示其在因子结构中的重要性，方差贡献率越大，表明该因子解释原始变量方差总和的百分率越大，即该因子越重要。提取的所有因子的累计方差贡献率越大，表示这些因子对所有原始变量的代表性越强。

原始数据中有 12 个自变量，理论上可以得到 12 个主成分，如表 6-1 所示。一般选择特征值不小于 1 或者特征值累计贡献率不小于 85% 来确定公共因子数。由此提取前 4 个主成分，总共可以解释 85.781% 的原始变量。

表 6-1 解释总方差表

成分	初始特征值		
	合计	方差贡献率	累计方差贡献率
F_1	8.176	54.509%	54.509%
F_2	2.253	15.021%	69.530%
F_3	1.533	10.219%	79.749%
F_4	0.905	6.032%	85.781%
F_5	0.631	4.207%	89.988%
F_6	0.509	3.396%	93.384%
F_7	0.392	2.612%	95.996%
F_8	0.196	1.305%	97.301%
F_9	0.154	1.024%	98.325%
F_{10}	0.117	0.782%	99.107%
F_{11}	0.069	0.457%	99.564%
F_{12}	0.050	0.436%	100.000%

为更好地解释公共因子，减少解释的主观性，主要采用因子旋转法，使每一个原始向量在新的坐标轴上的射影尽可能向 1 和 0 两极分化，得到旋转后因子负荷矩阵（见表 6-2）。旋转后因子成分矩阵表示每个气象因素对这些公因子的因子负载，即公因子与变量的相关程度，其值越大，表明二者之间的关系越密切。选择出每个因子上负载较大的变量，综合这些变

量的含义给因子定义一个适当的名称。

表 6-2 旋转后因子负荷矩阵

因子	F_1	F_2	F_3	F_4
月平均气温 X_1	0.952	0.196	0.15	-0.15
月最高气温 X_2	0.965	0.174	0.1	-0.131
月最低气温 X_3	0.94	0.203	0.188	-0.163
月极端高温 X_4	0.921	0.151	0.158	-0.095
月极端低温 X_5	0.12	0.348	0.859	0.018
月平均相对湿度 X_6	0.436	-0.015	0.692	-0.085
月最小相对湿度 X_7	0.172	0.869	0.357	-0.119
月降水总量 X_8	0.141	0.864	0.201	-0.16
每月日最大降水量 X_9	-0.578	-0.476	-0.477	0.158
月平均风速 X_{10}	-0.241	-0.113	-0.113	0.913
月最大风速 X_{11}	-0.166	-0.129	0.053	0.938
月极大风速 X_{12}	0.482	0.53	0.501	-0.042

从表 5-2 看出，各因子对原始变量的负载情况如下：

（1）公因子 F_1 在 X_1、X_2、X_3、X_4、X_5 上有较大的负载值，所以 F_1 主要由月平均气温、月最高气温、月最低气温、月极端高温、月极端低温这几个气象因素指标解释，它可以代表温度类因子对电力系统事故的影响，命名为“温度因子”。

（2）公因子 F_2 在 X_8、X_9 上有较大的负载值，所以 F_2 主要由月降水总量、每月日最大降水量这两个气象指标来反应，它代表降水类因子对电力系统事故的影响，命名为“降水因子”。

（3）公因子 F_3 在 X_6、X_7 上有较大的负载值，所以 F_3 主要由月平均相对湿度、月最小相对湿度这两个指标来解释，它代表大气湿度对电力系统事故的影响，命名为“湿度因子”。

（4）公因子 F_4 在 X_{11}、X_{12} 上有较大负载，所以主要由月最大风速和月极大风速这两个指标来反映，代表风力对电力系统事故的影响，命名为“风力因子”。

在确定了每个因子所表示的气象信息意义之后，根据上表可得到因子得分系数矩阵，如表 6-3 所示。

表 6-3　各因子得分系数矩阵

因子	F_1	F_2	F_3	F_4
月平均气温 X_1	0.221	−0.039	−0.064	0.046
月最高气温 X_2	0.234	−0.035	−0.093	0.061
月最低气温 X_3	0.210	−0.049	−0.038	0.034
月极端高温 X_4	0.223	−0.064	−0.042	0.071
月极端低温 X_5	0.186	−0.043	−0.039	−0.031
月平均相对湿度 X_6	−0.096	−0.087	0.454	0.006
月最小相对湿度 X_7	0.040	−0.323	0.444	−0.047
月降水总量 X_8	−0.099	0.438	−0.083	0.022
每月日最大降水量 X_9	−0.096	0.491	−0.184	0.002
月平均风速 X_{10}	−0.043	−0.073	−0.103	0.002
月最大风速 X_{11}	0.079	0.095	−0.077	0.547
月极大风速 X_{12}	0.088	0.018	0.035	0.560

根据表 6-3 可得到原始气象因素对各因子的线性表达式为

$$F_1=0.221X_1+0.234X_2+0.21X_3+0.223X_4+0.186X_5-0.096X_6+0.04X_7-0.099X_8-0.096X_9-0.043X_{10}+0.079X_{11}+0.088X_{12}$$

$$F_2=-0.039X_1-0.035X_2-0.049X_3-0.064X_4-0.043X_5-0.087X_6-0.323X_7+0.438X_8+0.491X_9-0.073X_{10}+0.095X_{11}+0.018X_{12}$$

$$F_3=-0.064X_1-0.093X_2-0.038X_3-0.042X_4-0.039X_5+0.454X_6+0.444X_7-0.083X_8-0.184X_9-0.103X_{10}-0.077X_{11}+0.035X_{12}$$

F_4=0.046X_1+0.061X_2+0.034X_3+0.071X_4−0.031X_5+0.006X_6−0.047X_7+0.022X_8+0.002X_9+0.002X_{10}+0.547X_{11}+0.56X_{12}

6.2.2.6 建立 Logistic 模型

将表 6–3 得到的 4 个公因子作为回归变量，用 SPSS 软件进行 Logistic 回归，变量进入模型时选择进入法，即将所有自变量全部放入模型中，结果如表 6–4 所示，其中，*B* 表示 *B* 检验统计量的值；*S.E.* 为参数的渐进标准误差，反映了对变量列做出可靠性的估计，表达了数据的离散程度；*Wald* 为卡方检验统计量，用来检验偏回归系数显著程度，该值越大表明该自变量的作用越显著；*sig.* 表示显著水平，给定显著性概率 α=0.05，则 95% 表示置信水平，表示以 95% 的可靠性保证真值落在某一区间。

表 6–4　Logistic 回归方程变量信息

公因子	*B*	*S.E.*	*Wald*	*Sig.*
F_1	4.402	2.033	4.689	0.030
F_2	2.221	1.071	4.296	0.038
F_3	1.780	0.898	3.930	0.047
F_4	2.804	1.330	4.448	0.035
常量	−2.378	1.039	5.239	0.022

通过表 6–4 看出，四个公因子都通过了显著性 sig. 值小于 0.05 的检验，说明在 Logistic 方程中，所有因子与因变量之间均有显著的关系，从而得到气象条件对电力事故的影响模型为

$$\ln\left(\frac{p}{1-p}\right)=4.402F_1+2.221F_2+1.78F_3+2.804F_4-2.378$$

即

$$p=\frac{\exp\left(4.402F_1+2.221F_2+1.78F_3+2.804F_4-2.378\right)}{1+\exp\left(4.402F_1+2.221F_2+1.78F_3+2.804F_4-2.378\right)}$$

p 表示气象条件影响发生电力事故的概率，F_i（i=1,2,3,4）表示用来拟合模型的公因子得分。

6.2.2.7 模型检验

根据所得的 Logistic 回归方程，以 0.5 为界对原始变量进行判定，如果 $p>0.5$，则判定事故发生；如果 $p<0.5$，则判定表事故不发生。以 2019 年 1～11 月的电力事故及气象数据为检验样本，以每一个月为一个检验样本，验证该模型的准确性。从表 6–5 可知，在 11 个检测样本中，6 个未发生事故事件的判定准确率为 100%，6 个发生事故事件的判定准确率为 66.7%，总的正确率达到 83.3%。

表 6–5 模型结果验证

月份	1	2	3	4	5	6	7	8	9	10	11
p	0%	36.2%	12.1%	80.5%	44.2%	99.6%	99.5%	59.4%	4.3%	1.7%	0.1%
事故数	4	5	5	35	30	18	25	25	10	22	19
事故判断	0	0	0	1	1	1	1	1	1	0	0

6.2.2.8 结论

该模型比较准确地表达了该地区统计年份内的电力事故与气象因素的关系。其中，温度因子对电力事故的影响最大，尤其在夏季，一方面高温导致电网负荷较大，增大了电力事故发生的概率；另一方面夏季高温还会影响陈旧的设备及线路绝缘性能；其次，风力因子对电力事故的影响也较大，风力因子对电力事故的影响也体现在容易造成电塔倒塌、输电线路电杆被大风刮倒、刮断、输电线路发生偏闪等方面，从而导致电力供应中断；再次，降水是又一影响电力事故的重要因子。强降水可能会冲毁电线电杆或降低变压器等电气设备的绝缘性能，导致发生漏电事故，而且在夏季雷电常常伴随强降水而来，电力行业输变电设备露天分布较广，且多架在高空，遭受雷击概率较大；最后，湿度因子也是电力事故发生的诱因之一，湿度因子对电力事故的影响依赖于设备的污秽程度，水分的湿润使绝缘子表面污层的电导率增加，从而大大降低了其绝缘性能，使绝缘子发生污闪的概率增加。此外，该模型对发生事故的判定准确率为66.7%，相对于发生事故而言，判定准确率较低，这是因为引发电力事故的因素不仅仅局限于恶劣气象条件，设备故障、人为操作失误等均有可能导致安全事故。

6.3 基于气象因素的短期负荷预测

负荷是电力系统运行和规划的依据，准确的负荷预测有利于提高电力系统运行的经济性和可靠性。电网运行中电网负荷受气象因素的影响显著，对于电网安全经济运行有重要影响。短期负荷预测在电力系统安全经济运行中发挥着重要作用，一直以来是研究的重点，也是难点所在。目前，气象负荷在总负荷中所占的比重越来越大，要达到较好的预测水平，关键在于如何更合理地考虑气象因素对负荷的影响。

6.3.1 分析数据指标的选取

指标作为衡量的标准，就如同飞机上的仪表盘一样，对数据分析的结果起着至关重要的作用。

6.3.1.1 典型日的选取

宁夏天气四季分明，分析气象因素对电网负荷的影响，需要综合考虑天文四季和气候四季，同时避开春节等节日的影响，各取10日作为典型日进行分析，分别取2019年3月、7月、10月、12月中的10日作为春夏秋冬四季的典型日。

6.3.1.2 负荷数据点的选取

宁夏电网春夏秋冬典型日负荷曲线如图6-14所示。

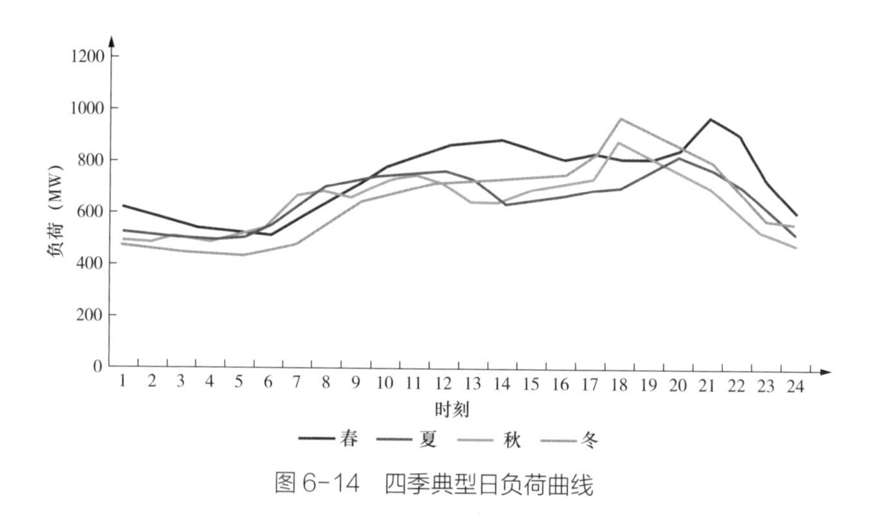

图 6-14　四季典型日负荷曲线

从图 6-14 可看出，电网四个季节日负荷曲线具有基本一致的特征：

（1）凌晨负荷全天最低；

（2）具有两个明显的高峰负荷，中午 12 时左右和晚高峰；

（3）两高峰负荷之间平段负荷波动不大；

（4）上午到达高峰负荷增加较缓慢，晚高峰后负荷降低较快，至 0 时接近最低负荷；

（5）晚高峰出现时间与季节有关，冬季较早，夏季较晚，与日长一致；

（6）通过以上分析，日负荷曲线有 3 个至关重要的特征点：低谷负荷和两个高峰负荷。为了便于分析，低谷负荷取凌晨 5 时负荷，中午高峰负荷取 12 时负荷，晚高峰负荷按季节进行划分，春、秋季节取 19 时，夏季取 20 时，冬季取 18 时。通过对四季典型日特征点负荷和气象条件进行对比分析，找出气象条件在不同季节对负荷的影响规律。

6.3.1.3　气象因素的选取

相关因素的选择和使用成功与否直接影响着数据分析结果的准确度，气象因素选取温度、湿度、风速、降水等天气条件，表 6-6 是各典型日降水量情况表。

表 6-6 各季典型日降水量情况表（mm）

典型日	1日	2日	3日	4日	5日	6日	7日	8日	9日	10日
春							0.4	5.7		
夏	12	1.1	17.4	7.6		6.1	68.2	2.4	1.8	0.1
秋										
冬				8.8	1.6	0.2				

对典型日降水量的统计，表中能看出随着季节的变化，夏季降雨次数及降雨量较其他季节多，且波动较大，存在一定的影响力，说明选取降雨量作为气象因素是较合理的。

6.3.2 负荷与温度、湿度、风速、降水的定性分析

负荷的变化在一定程度上具有周期性，但同时也伴随着一定的波动，一般而言，负荷的变化受多种因素制约，并且这些因素对负荷变化规律的影响互不相同，从而导致了负荷变化的波动性。自然因素对负荷的影响一般具有短期效益，当比较相邻日的负荷时，会发现负荷具有相对波动性，典型的微观影响因素有温度、湿度、风度、降水量等。

6.3.2.1 气象因素对低谷负荷的影响

图 6-15 ~ 图 6-18 是不同气象条件下四季典型日 5 时的负荷曲线。

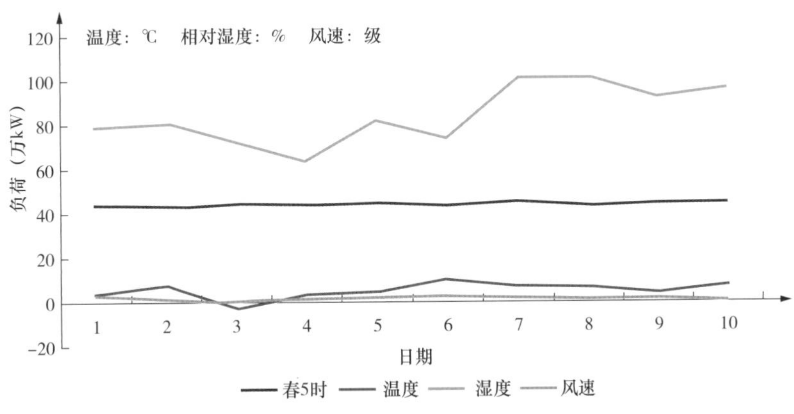

图 6-15 不同气象条件下春季典型日 5 时负荷曲线

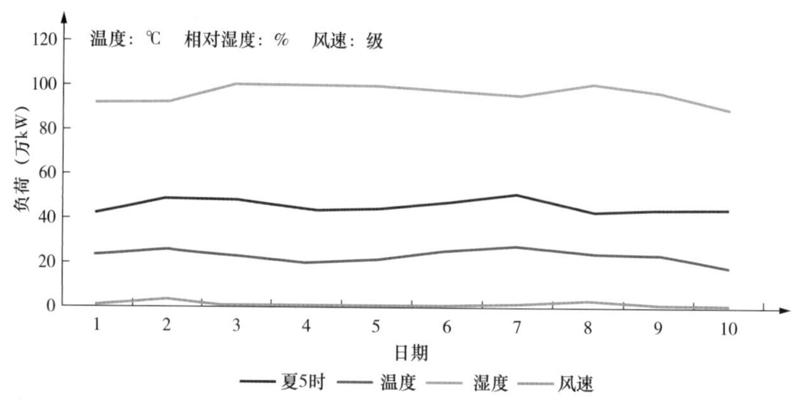

图 6-16　不同气象条件下夏季典型日 5 时负荷曲线

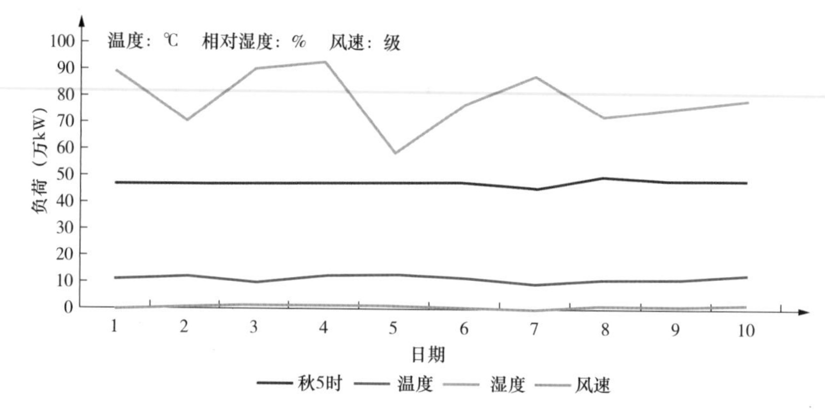

图 6-17　不同气象条件下秋季典型日 5 时负荷曲线

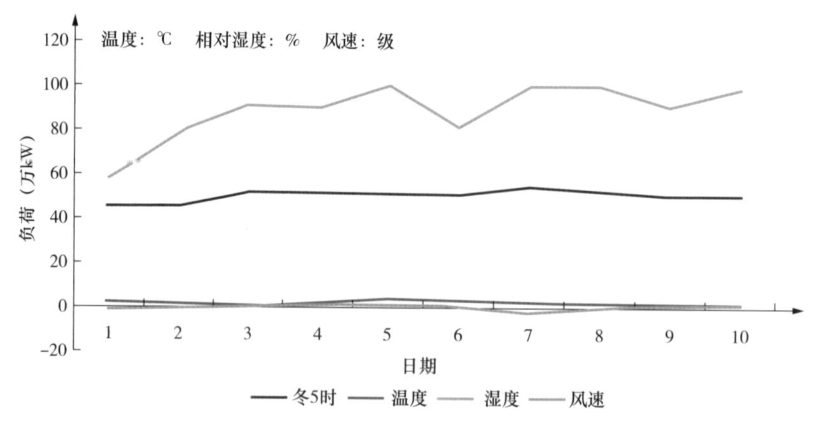

图 6-18　不同气象条件下冬季典型日 5 时负荷曲线

春季低谷负荷波动较小，温度波动对低谷负荷基本无影响，与降水、湿度、风速相关性也较小。

夏季低谷负荷与温度具有极强的相关性，曲线形状基本一致；其次是降水，第 8 日的降水（大雨，68mm）除造成温度降低外，同时造成负荷大幅降低；风速不大，强降水时风速统计值是 3 级左右，但局部地区达到 9 级，甚至 10 级，造成线路跳闸也是负荷大幅降低的重要原因；相对湿度一直在 90% 以上，与负荷的关系不太明显，但与温度的协同作用可影响人体舒适度，从而对负荷产生影响。

秋季低谷负荷波动较小，与温度、湿度、风速相关性较小。

冬季温度采样值在 0℃附近，波动幅度为 3℃，但从后几日的趋势看，温度降低时负荷升高，温度回升时负荷降低到原水平；结合湿度进行分析，1 ~ 2 日温度虽然较低，在湿度较低时负荷并不高，7 日温度最低，同时湿度达到 100%，此时负荷最高，负荷“阴冷”的日常经验，说明低谷负荷与温度、湿度具有强相关性。

6.3.2.2　气象因素对中午高峰负荷的影响

图 6–19 ~ 图 6–22 是不同气象条件下四季典型日 12 时负荷曲线。

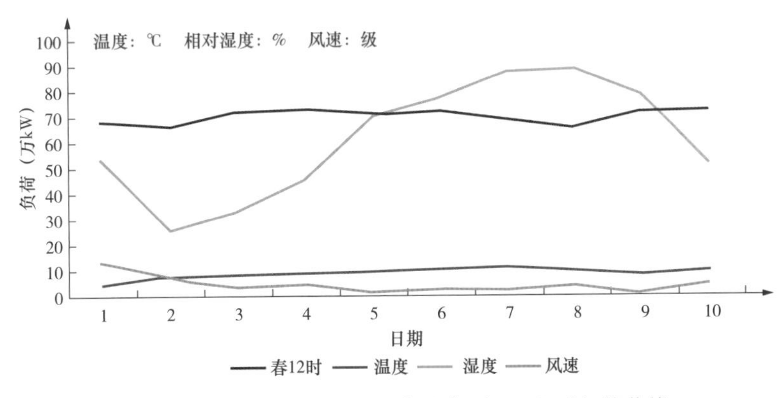

图 6–19　不同气象条件下春季典型日 12 时负荷曲线

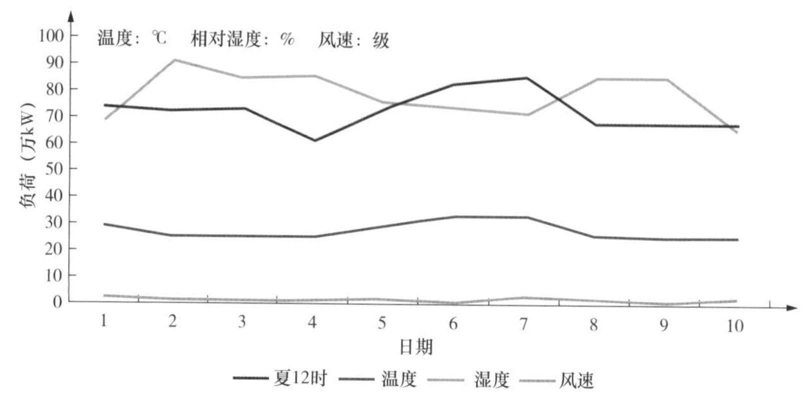

图 6-20 不同气象条件下夏季典型日 12 时负荷曲线

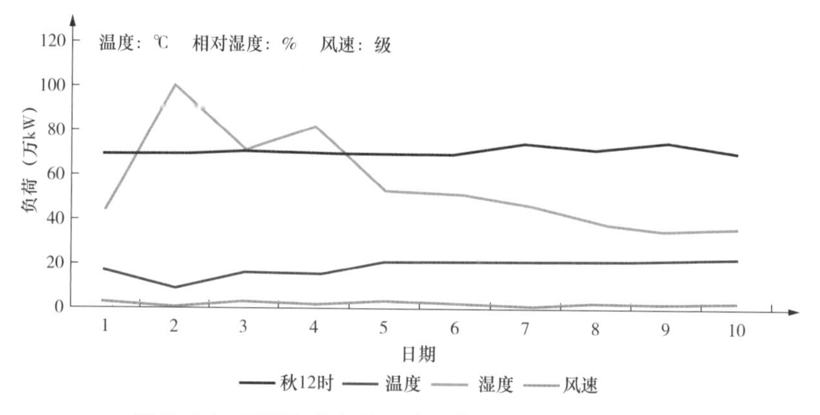

图 6-21 不同气象条件下秋季典型日 12 时负荷曲线

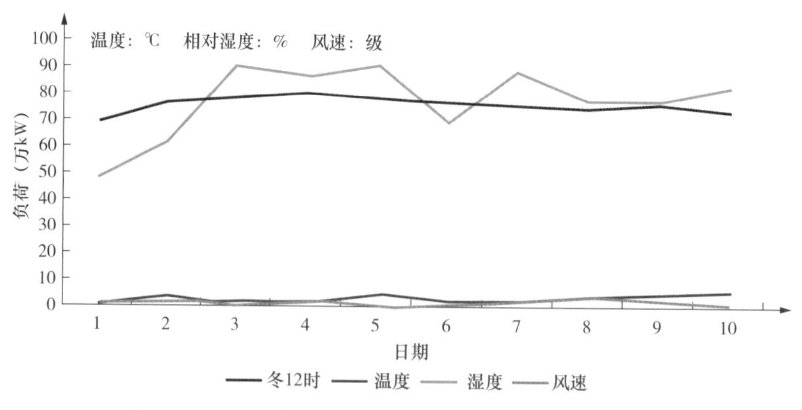

图 6-22 不同气象条件下秋季典型日 12 时负荷曲线

春季气温适中，无降温和取暖负荷，与温度相关性不大；从图表中可看出，第 7 日和第 8 日的降水对负荷影响最大；除阴雨天气外，春季相对湿度较低，对负荷影响不大；从图表上看，第 1 日和第 2 日风速较高，达到 4 ~ 6 级，负荷较低，其中风对负荷的影响比例还要具体分析。

夏季气温对中午高峰负荷的影响与对低谷负荷的影响一样，具有决定性的作用。

秋季负荷波动较小，与温度、湿度、风速均无明显的相关性。

冬季对负荷的影响应是温度、湿度、降水综合影响的结果，相关性不明显。

6.3.2.3 气象因素对晚高峰负荷的影响

图 6-23 ~ 图 6-26 是不同气象条件下四季典型日 19 时负荷曲线。

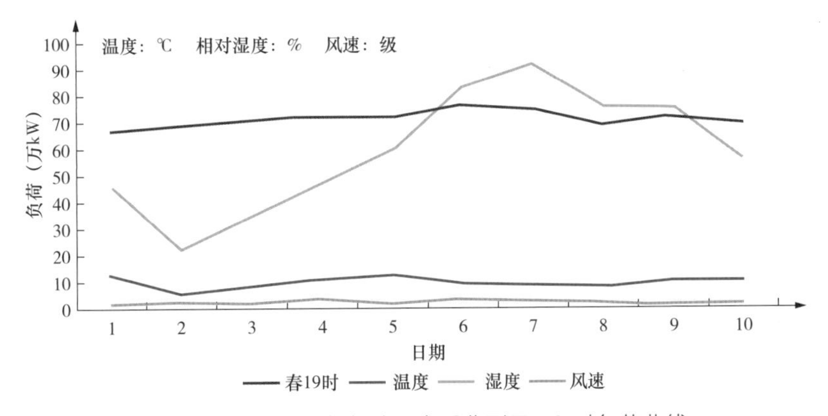

图 6-23 不同气象条件下春季典型日 19 时负荷曲线

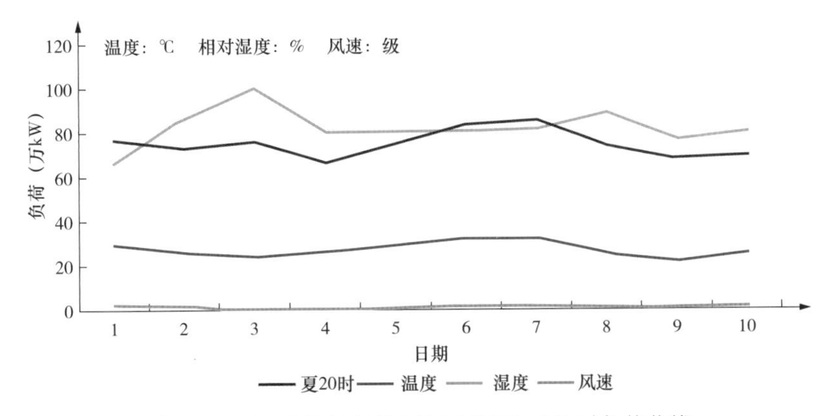

图 6-24 不同气象条件下夏季典型日 20 时负荷曲线

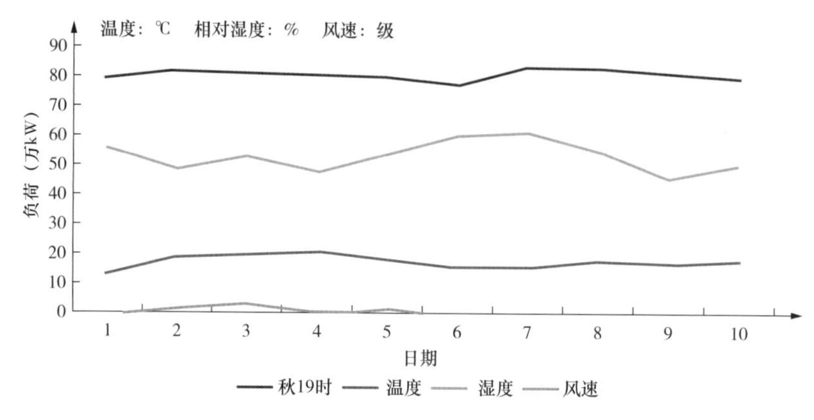

图 6-25 不同气象条件下秋季典型日 19 时负荷曲线

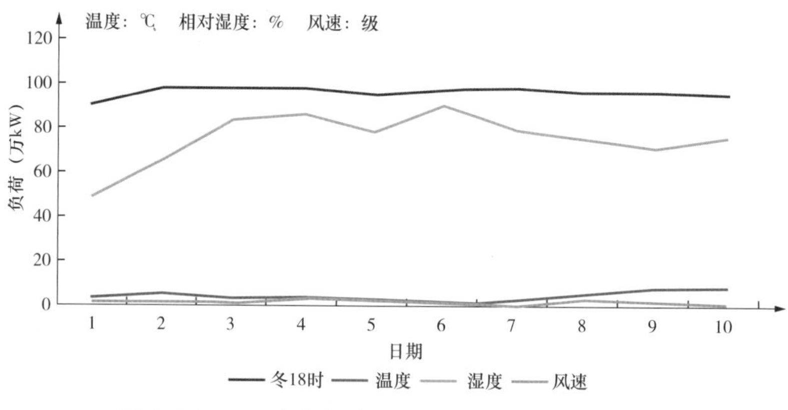

图 6-26 不同气象条件下冬季典型日 18 时负荷曲线

以上对不同条件下各季节的负荷曲线表明：春季除第 7 日和第 8 日的降水造成负荷降低外，其他因素对负荷的影响规律不够明显；夏季对负荷影响最大的，同样是温度；秋季负荷与温度等气象条件相关性较弱，由于典型日内无降水，降水对负荷的影响没有体现出来；冬季晚峰时温度均在 0℃以上，温度变化对负荷的影响不大。

6.3.2.4 定性分析综述

由于四季负荷成分的变化，各季节负荷对各种气象条件的敏感度不同。春秋季温度适中，对负荷的影响较小；降水会对春灌负荷、小工业、服务业负荷造成一定影响；夏季负荷变动与温度具有强相关性；降水对负荷的影响主要通过对温度的影响体现出来，同时大的降水还会使负荷进一步降低。冬季当温度降到0℃以下时，与负荷具有较强的负相关性，温度较高时，对负荷影响不大。

6.3.2.5　夏季负荷与温度的相关性分析

由于夏季负荷与温度具有强相关性，以下对夏季负荷与温度进行相关性分析。图 6-27 ~ 图 6-29 为夏季典型日 5 时、12 时、20 时负荷与温度二次回归曲线图。

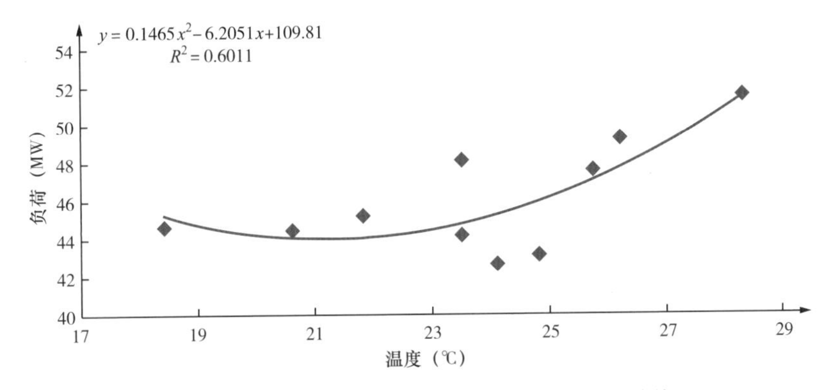

图 6-27　夏季典型日 5 时负荷与温度二次回归曲线图

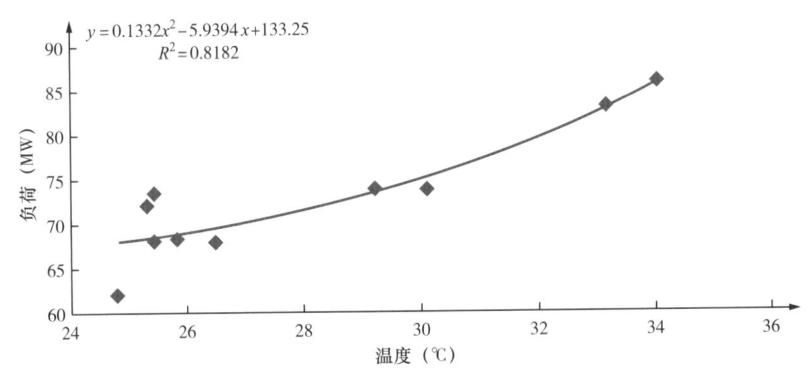

图 6-28　夏季典型日 12 时负荷与温度二次回归曲线图

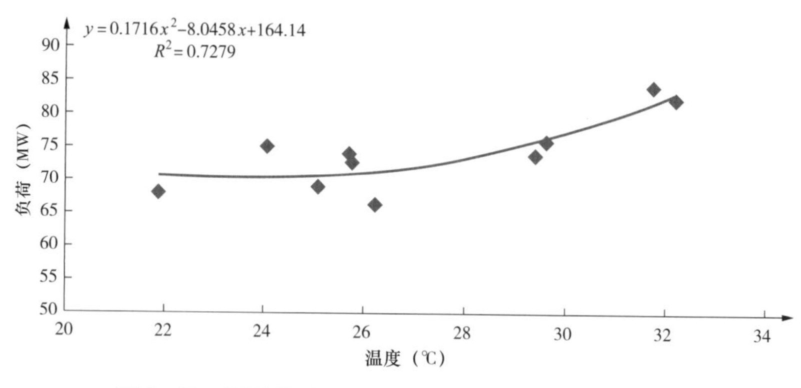

图 6-29　夏季典型日 20 时负荷与温度二次回归曲线图

从以上 5 时、12 时、20 时的二次回归分析可以得到回归系数 R^2 的值分别为 0.6、0.82、0.73，说明负荷与温度具有较强的相关性。

6.3.3　建立神经网络负荷预测模型

6.3.3.1　神经网络模型

此处采用反向传播（Back Propagation，BP）对负荷进行预测。BP 神经网络是当今应用最广泛的神经网络之一，其利用输出量的误差来估计神经网络前一层的误差，进而估计更前一层的误差。图 6-30 显示的是三层 BP 神经网络的结构图，神经网络由输入层、隐含层、输出层组成。K、m 和 n 分别为输入层、隐含层记忆输出层神经元个数。k 个输出量的数学表达式为

$$y_k = f_2\left[\sum_{j=1}^{m} v_{jk} \cdot f_1\left(\sum_{i=1}^{l} v_{ij}\, x_i - b_{ij}\right) - b_{2k}\right]$$

式中，v_{ij} 为第 i 个输入量与第 j 个隐含层节点之间的权值；f_1 和 f_2 分别是隐含层与输出层的激活函数。

BP 神经网络的训练通过输出层神经元的输出与期望值之间的误差，以此优化权值来实现。激活函数 f_1 与 f_2 通常选取 S 型的对数函数 Sigmoid，其表达式为

$$f_{(x)} = \frac{1}{1-e^{-x}}$$

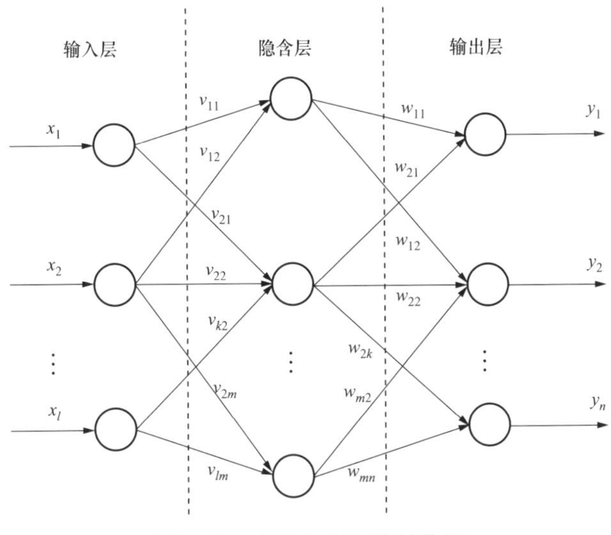

图 6-30 BP 神经网络结构图

6.3.3.2 预测模型的建立

从前面的分析可知，电力短期负荷除了具有日周期特性，还具有显著的周期特性和天气特性。

在进行短期负荷预测前，首先需要对预测所需的输入样本进行选择。从上面的负荷特性分析可以看出，短期负荷与季节、日期类型、天气等因素密切相关，而且，通过大量数据统计分析表明，天气因素中的温度和天气状况（如晴、阴、雨、雪等）对负荷的影响较其他天气因素（如风力、湿度等）对负荷的影响大，所以，本书在建立预测模型时充分考虑了季节日类型温度和天气状况对短期负荷的影响。

为降低问题求解规模，对一天中每一个预测点分别建立预测模型。

神经网络预测模型构思为：输入样本数据，每个样本均含有 24 个特征指标，即前一天每小时的 24 个负荷值、最高温度、最低温度、降雨量以及日期类型；输出为后一天每隔两小时的 24 个负荷值，模型结构如图 6–31 所示。

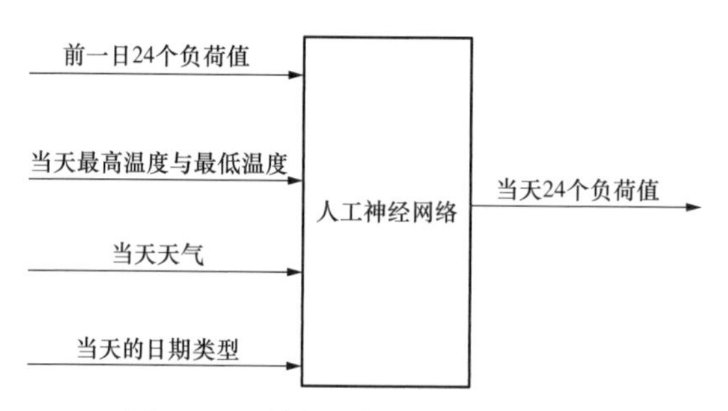

图 6-31　神经网络预测模型结构图

6.3.3.3　数据的归一化处理

为了使输入量起到较强的作用，在选用 Sigmoid 函数时，必须对神经网络的输入量进行归一化处理。进行归一化处理能使所有分量都在 0 ~ 1 之间变化，避免数值大的变量可能掩盖数值小的变量的影响，并且可以避免神经元饱和。由于神经网络的输入量同时包含负荷、温度、湿度、天气、日期类型的数据，因此需要对这些数据分别进行归一化处理。

归一化处理公式为

$$p' = \frac{p - p_{\min}}{p_{\max} - p}$$

式中：p' 为归一化后的值；$p_{\min}$ 为最小值；$p_{\max}$ 为最大值；p' 为当前值。

表 6–7 为天气的归一化处理。

表 6-7　天气的归一化处理

日期类型	归一化数值
晴	0
晴 ~ 多云	0.1
多云	0.2
阴	0.25
多云 ~ 阴	0.25
阵雨 ~ 多云	0.3

续表

日期类型	归一化数值
阵雨	0.4
小雨	0.4
小到中雨	0.5
中雨	0.6
中雨～大雨	0.7
大雨	0.8
暴雨	0.9

日期类型的归一化处理：考虑到周末与周日的负荷量不同，以及负荷以周为周期的变化规律，日期类型的归一化处理如表6-8所示。

表6-8 日期类型的归一化处理

日期类型	归一化数值
星期一	0.35
星期二	0.2
星期三	0.15
星期四	0.2
星期五	0.35
星期六	0.6
星期日	0.7

6.3.3.4 神经网络的训练

归一化处理结束后，便可对历史数据进行训练。本书中，训练数据取自某市2019年6月17日～8月16日共61天的负荷和气象数据。在训练时，分别将第1～60日的负荷值及气温和天气特征作为输入向量，第2～61的负荷特征作为期望的输出向量。将基于神经网络算法训练模型函数的训练次数设为 50 次，训练目标设为 0.0001，训练结果如图 6–32 所示。

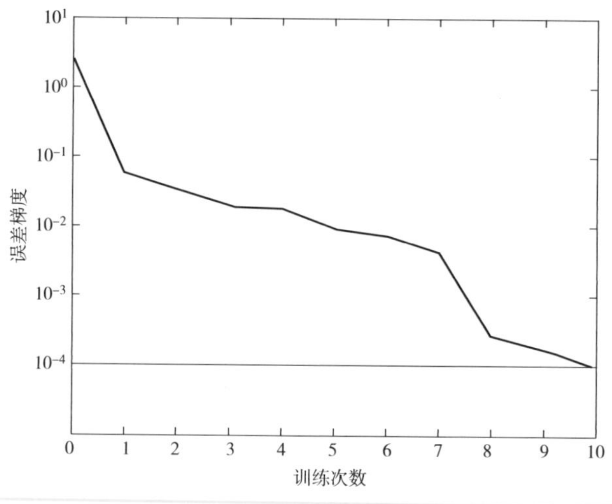

图 6–32　神经网络训练结果

从图 6–32 可以看出，当训练到第 10 次时，误差已经达到了目标值 0.0001 以下，证明预测模型采用 BP 神经网络的训练结果取得了比较好的收敛效果。

6.3.4　仿真结果

接下来对所训练的神经网络进行检验。由该市 2019 年 8 月 16 日的负荷值和天气特征作为输入变量，经过神经网络可以计算出 2019 年 8 月 17 日的负荷值。

为了验证气象因素和日期类型对预测模型的影响，在另一组实验中，不考虑气象因素和日期类型，而是直接采用 BP 神经网络对未来 24h 负荷进行预测。

将两种方法的预测结果与 8 月 17 日实际负荷进行比较，结果如图 6–33 所示。从图 6–33 可以看出，采用本书方法的预测结果与实际的负荷曲线非常接近，而不考虑气象因素和日期类型的预测方法误差较大。

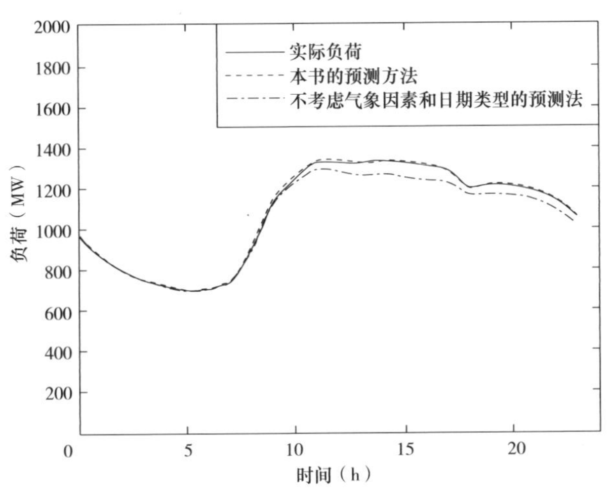

图 6-33　某市 2019 年 8 月 17 日负荷预测结果

表 6-9 进一步显示了两种预测方法的预测值与真实值的比较。从表 6-9 可以看出，本书方法的预测结果与实际负荷之间的平均相对误差仅为 0.75%，而不考虑气象因素和日期类型的预测方法平均相对误差达 2.70%。证明了本书所建立预测模型可极大提高预测的精度。

表 6-9　某市 2019 年 8 月 17 日负荷预测值与实际值对比

时刻	实际值（MW）	本书的方法		不考虑气象因素和日期类型	
		预测值（MW）	相对误差	预测值（MW）	相对误差
0	947.83	959.71	1.24%	954.67	0.72%
1	852.22	860.31	0.94%	861.56	1.08%
2	789.22	798.96	1.22%	796.58	0.92%
3	744.67	755.14	1.39%	752.71	1.07%
4	718.40	719.72	0.18%	721.87	0.48%
5	696.47	700.94	0.64%	700.33	0.55%
6	698.11	701.92	0.54%	699.78	0.24%
7	739.08	739.24	0.02%	733.90	0.71%
8	904.49	915.27	1.18%	891.72	1.43%

续表

时刻	实际值（MW）	本书的方法		不考虑气象因素和日期类型	
		预测值（MW）	相对误差	预测值（MW）	相对误差
9	1134.13	1158.40	2.10%	1117.02	1.53%
10	1250.95	1265.93	1.18%	1222.81	2.30%
11	1322.95	1336.77	1.03%	1292.53	2.35%
12	1328.29	1328.93	0.05%	1283.95	3.45%
13	1323.69	1327.42	0.28%	1264.87	4.65%
14	1331.41	1343.81	0.92%	1271.02	4.75%
15	1321.05	1332.55	0.86%	1255.71	5.20%
16	1305.88	1318.00	0.92%	1245.26	4.87%
17	1287.67	1290.90	0.25%	1229.40	4.74%
18	1194.88	1207.45	1.04%	1159.05	3.09%
19	1217.82	1211.20	0.55%	1167.64	4.29%
20	1207.61	1213.89	0.52%	1166.49	3.53%
21	1192.50	1189.98	0.21%	1145.92	4.07%
22	1145.32	1151.05	0.50%	1103.31	3.81%
23	1066.65	1062.75	0.37%	1016.32	4.95%
平均			0.75%		2.70%

6.3.5 结论

本书对影响负荷变化的各种因素进行分析，根据负荷数据的周期特性和气象因素建立了 BP 神经网络预测模型，对负荷数据和气温数据进行了归一化处理，最后通过模型对电力负荷进行了预测，结果表明，相比于传统的预测方法，本书所提出的预测方法能够准确地反映电力负荷随气象、日期类型的变化趋势，具有更高的预测精度。实践证明本书提出的预测模型具有广泛的实际应用价值。

参考文献

[1] 张锋，李海涛，赵刚，华伟．基于 GIS 生态电网规划辅助决策系统设计与实现 [J]．信息化建设，2015（12）：251–253．

[2] 李新民，朱宽军，李军辉．输电线路舞动分析及防治方法研究进展 [J]．高电压技术，2011，37（02）：484–490．

[3] 杨志超，张成龙，葛乐，龚灯才，等．基于熵权法的绝缘子污闪状态模糊综合评价 [J]．电力自动化设备，2014，34（04）：90–94．

[4] 王建．输电线路气象灾害风险分析与预警方法研究 [D]．重庆：重庆大学，2016．

[5] 李俊．基于气象信息的电网风险预警系统应用 [J]．广西电力，2013，36（05）：25–27．

[6] 向静．气象灾害风险评估与管理 [D]．成都：西南财经大学，2012．

[7] 陈伯龙，左洪超，高晓清．干旱区气象因子对蒸发皿蒸发量的影响 [J]．高原气象，2014，33（05）：1251–1261．